冰雪世界的
极地动物

［意］克里斯蒂娜·班菲　［意］克里斯蒂娜·佩拉波尼　［意］丽塔·夏沃 ◎ 编著

潘源文 ◎ 译

四川教育出版社

图①

目　录

10

17

27

40

46

62

71

80

102

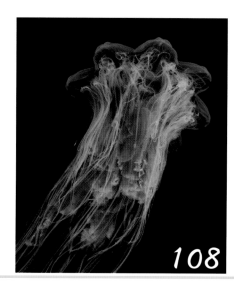

108

图②

图③

前　言

北极与南极

在我们生活的星球上，最不宜居的地方就是北极与南极了。这两个地方的气候寒冷，由于光照不足，冬天十分漫长。在人们看来，南北极地区就是冰雪世界。然而，在这样的极限空间里，仍有不少物种安家繁衍。它们经过漫长的进化，已经适应了极端的环境。这里常年气温极低，气候相对温和的季节稍纵即逝。尽管如此，这些物种走过了与环境相适应的生命旅程后，成为今天动物百科全书里的主角。

地球北极的英文为arctic，得名于天上的小熊星座。希腊语"Arktos"的意思是"熊"，古人通过天上的大熊座和小熊座来识别方向。在地球的最北部，亚欧大陆、北美大陆环抱着北冰洋。这是世界上面积最小的大洋，常年处于冰封状态。在北冰洋纬度较低的地区，两极地带的冰川在入海口被海浪不断冲击而断裂。它们在海上缓慢移动漂浮，成为了人们熟知的冰山。

地球大致上是一个球体，而南极和北极刚好处于相对的两端。南极并不是一片海，而是陆地。在这片冰封的大陆，你能看到群山起伏，甚至还能看见火山口。整个大陆多达98%的面积常年被冰雪覆盖，冰川平均厚度为1600米，在大陆中央区域的冰川厚度甚至达到4500米。

南北极在地球上的位置极为特殊，季节变换也与其他地区不同。我们习以为常的白昼与黑夜，在这里似乎失去了意义。

从北极圈向北出发，到春夏两季时，白天会越来越长。北极在春分后，将会出现极昼，也就是"午夜太阳"的现象。这期间，在一日之内太阳总在地平线以上，白天的时长为24小时。到了夏至，极昼的范围扩大到整个北极圈内。在秋冬两季，北极将迎来极夜现象。在南极，极夜和极昼现象同样会发生，不过出现的时间和北极正好相反。当北极有24小时的日不落时，南极正处于24小时的暗夜。

在北极地区，北冰洋四周被大陆包围，大西洋暖流会流经这里，最后汇入北冰洋。因此，同样都是冰天雪地，南极比北极更冷一些。

南极洲的总面积超过1400万平方千米，大约是澳大利亚面积的两倍。世界上最冷的地方就在这片大陆深处。冬天，南极洲的气温甚至能够降至-70℃；夏天，南极洲的温度也有低至-35℃的时候。南极不会受到暖流的冲刷，湿润的云层也很少光顾南极内陆。让许多人大跌眼镜的是，南极洲不仅是世界上最冷的地方，还是世界上最干旱的地方，撒哈拉沙漠跟它相比也要甘拜下风。不过，南极洲大陆靠近南美地区的半岛，气候相对温和，尤其在夏天的时候温度能够达到零度以上。

另外不要忘了，南极洲还是"暴风雪王国"。冬天，南极洲中部的高原刮起刺骨的寒风，刮到沿海地区时，风速可达每小时300千米。

在寒冰世界中生存

在昼短夜长、温度极低的环境下，高等陆生植物完全无法生存；可有些动物却在这里安了家，世代繁衍着。漫长的岁月里，它们为能在如此恶劣的环境中生存，逐渐发展出令人惊讶的适应能力，仅仅是成功地抵御严寒，就已十分了不起。

海豹和鲸仅靠自身厚厚的脂肪便足以抵御寒冷，脂肪能够有效阻止热量的快速流失。它们的抗寒能力最强，对极端环境的适应能力也最强。有些海洋哺乳动物，如独角鲸、白鲸、长须鲸，它们虽然没有北极熊那样的皮毛，却有厚达几厘米的皮下脂肪，足以阻隔寒冷。

这里有些动物并不生活在水下。格陵兰海豹幼崽的皮毛和北极熊的皮毛一看就很保暖。这些皮毛呈白色，在冰天雪地是最完美的保护色。它们的毛发本身不含色素，是透明的；管状毛发可以捕捉阳光的热量，中空的结构又可以隔热，从而成功锁住热量。

这里的冬天实在太冷了，而且时间还比较长。有些动物如鸟类（包括部分企鹅）会在冬天来临前迁徙到别处，以躲过寒冬的侵袭。南极的鸟类往北迁徙，北极的鸟类则向南方转移。南北极地区的鸟类迁徙之后，这里安静了不少，但仍有留下坚守的勇士。

例如，帝企鹅在寒冬来临时会挤在一起，防风御寒。相比之下，威德尔海豹就是独行侠了，它们很少成群结队，而是选择在漂浮的海冰下过冬。它们的牙齿锋利无比，能把冰块啃出个窟窿，然后探出头来呼吸。

大部分的鲸是在夏天来到这里的。毫无疑问，它们受到了食物的召唤，准备到此大快朵颐。不过也有例外，独角鲸和白鲸就更恋家，不喜长途跋涉。

对有些陆生动物来说，冬天还是穿新衣的季节。例如北极狐在夏天的时候体毛为灰黑色，到了冬天，全身的毛就都变成白色，还更加浓密，当然也更保暖。

对于留下来过冬的动物而言，它们在夏天就要提前储备好足够的脂肪，如此才能确保自己可以撑过几个月的寒冬。

冷血动物只在海里生活，它们对环境的适应能力主要体现在生理机能上。有些生物如海蛙或海蜘蛛，它们的体液含盐量非常高，浓度甚

至超过了周围的海水。所以它们体内的水分不会向外渗透，相反，海水里的水分还会通过皮肤渗入它们体内。如此一来，它们的身体就不会被冻住。

一些鱼也有自己的"抗寒高招"。科学家在南极鱼的血液里发现了一种"防冻"蛋白，就像用在汽车中的防冻液一样。正是凭着这种

■ 图②，几只年幼的帝企鹅相互依偎取暖
■ 图③，在阿拉斯加北极国家野生动物保护区的北坡区，秋天的冰层正在形成，一只年轻的北极熊漫步在冰天雪地
■ 上图，在挪威斯匹茨卑尔根岛，一只长着胡须的海象悠闲地躺在冰面上

天然的防冻物质，南极鱼才能在冰冷的海水中安心生存。

极地地区的食物链

虽然极地的海水冰冻刺骨，却是许多动物的家园。在深水区，许多珊瑚、苔藓虫、海绵、海葵繁衍生息。这里的海胆、海星以及贝类动物，比起在温热水域生活的同类，生长节奏要慢很多，不过寿命也更长。不少生活在这里的无脊椎动物如海蜘蛛，个头大得惊人，比在其他地区生活的同类要大一倍。

营养丰富的极地海水构成了此处食物链的基础。在海藻较多的地方形成了大批的浮游生物群落。

海水的冰点低于淡水，因此含盐量很高的海水通常不易结冰。冬天，极地海水中盐分不足，水容易结冰，因此南北极的冰层面积会变大。

浮游植物的生长受到四季变迁的影响。在夏季，南北极光照充足，阳光穿透云层，照耀着冰雪大地。冰雪融化后，形成数千平方米的海面；而到了冬天，一部分海面将再次结冰。

浮游植物是极地世界食物链的第一层，它们的生长繁衍是食物链顶层物种生存的基础。磷虾以浮游植物为主要食物。这里食物链的上层就是鱼、海豹、鲸、企鹅等邻居们。

在北极，北极熊占据了食物链

■ 左图，肉食性海豹的牙齿构造很特殊：它们可以一口吞进许多磷虾，闭上嘴之后，海水会从牙缝里渗出来，无处可逃的磷虾就成了它们的腹中美食
■ 上图，南极磷虾生活在南极洲水域，它们身长 4~5 厘米
■ 页码 6~7，一群生活在挪威赫恩亚乌岛的海鸥
■ 页码 8~9，在挪威斯瓦尔巴群岛，一只北极熊孤寂地行走在北极的冰面上，它在寻找海豹的踪迹。在这样极端的环境中觅食，对它来说并非易事

的顶端，它们主要以海豹为食。在南极，虎鲸和鲨鱼等海底世界的霸主则占据了食物链的顶端。

一切都围着磷虾转

磷虾是极地地区食物链中最重要的成员。在南极地区，大到鲸、海豹，小到企鹅，要么直接以磷虾为食，要么间接以之为食——总之谁也离不了它，它是极地最普遍的食物。我们甚至可以根据与磷虾的

关系，把生活在极地的动物分为三类：第一类就是磷虾自己；第二类是以磷虾为食的动物；第三类则是以第二类动物为食的动物。当一个地区生态系统的稳定性在很大程度上取决于某一类物种的时候，这样的生态系统是比较脆弱的。

磷虾吃什么？可怜的它们以海洋中的浮游植物为食。

在冬天，磷虾会以浮冰底部的海藻为食。极地的大多数动物其实

很盼望冬天的到来，因为寒冷的冬天对它们而言意味着丰富的食物。在冰川附近大规模繁殖的海藻将保证磷虾家族的成员兴旺，从而保障生物链中所有成员的食物供给。

在气温相对较高的季节，冰层的面积缩小，磷虾的数量急剧减少，从而对生态系统中的食物链产生冲击。

生物多样性：一样又不一样

两极地区的动物为了适应严寒，

美丽的极光

在南北两极附近的地区，夜间会出现绚丽多彩的极光，在南极称为"南极光"，在北极称为"北极光"。

极光的发生与天上的神灵无关。在低纬度地区，地球磁场的强度弱，而南北极地区属于高纬度地区，磁场强度强。太阳的带电粒子流进入地球磁场，在地球磁场的作用下，高能粒子转向磁场强度较强的两极。它们在进入极地高层大气时，与大气中的原子和分子碰撞并产生光芒，也就形成了极光。一般而言，极光发生的高度在90~130千米的高空。

极光的颜色并不固定，这取决于太阳的带电粒子与大气层的哪种气体先碰撞。如果大气层最上层的氧气含量比较高，与带电粒子碰撞后，就会发出绿色的极光。

经过漫长的进化发展出了相似的适应能力。不过，它们除了相似性之外，也有差异性，例如生活在北极的北极熊和生活在南极的企鹅。

北极熊又名"白熊"，是世界上最大的陆地食肉动物。它们是北极冰雪世界的代言人，庞大的身躯在冰上活动丝毫不笨拙，并且还有着非同寻常的耐力。北极熊为了寻找自己心爱的食物（海豹），走多远的路也不嫌累。它们还是非常出色的游泳健将，有的北极熊甚至会在离岸几百千米远的水域活动。

企鹅是南极冰雪世界的代言者，其中的帝企鹅和阿德利企鹅几乎家喻户晓。企鹅尤其喜爱在海洋中生活，一般只有在繁殖期才会上岸活动。

南北极地区都有海豹。北极的海豹种类与数量都远超南极；南极只有一种豹形海豹，它性情暴烈，是唯一以恒温动物为食的海豹，不过它也吃其他的海豹和企鹅等。在靠近海岸的浅海地区，许多物种十分活跃：在沉积物中有贝类、海绵等动物，它们以

浮游动物的尸体或各种有机体沉降在海底形成的堆积物为食；海星和它们一样，也以各种无脊椎动物为食。在这一层食物链之上，是各种鱼类以及乌贼和水母等，而它们自身又成为更上一层食物链的其他鱼类、海象、鲸的食物。

在南极和北极地区还生活着很多鸟类，它们都是捕鱼高手。南极不仅是企鹅的王国，还是鸟类的天堂，比如巨大的信天翁。

在北极还生活着燕鸥、角嘴海雀、海鸠等鸟类，它们有着各自的进化故事。它们的相同之处在于都保留着飞行的本领，比如海鸠和角嘴海雀。此外，它们有着像企鹅那样保暖的羽毛，颜色黑白相间。

它们经常热热闹闹、叽叽喳喳地成小群活动。它们善于游泳和潜水，但并没有忘记飞行，因为它们生活的地方还有北极狐、狼和熊，而生活在南极的企鹅就没有这样的顾虑。

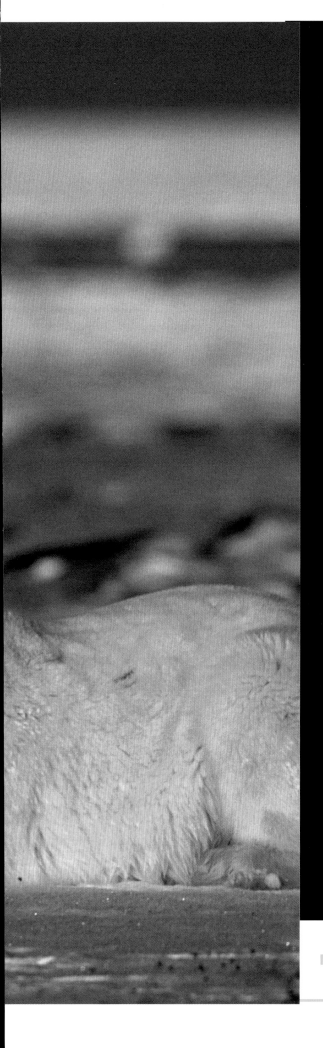

第一章
冰雪与生命

北美大陆的最北端和亚欧大陆的北端环抱着北冰洋。这种特殊的地理构成，使很多哺乳动物得以逐步适应北方的寒冷。在久远的过去，有两种大胆的哺乳动物离开了自己的同类，借助海面上巨大的浮冰，来到了北极地区。经过漫长的进化，它们成为本章的主角——北极熊和北极狐。为了适应这里的极端环境，它们需要进化出同样极端的身体，比如它们通体发白，与周围的冰雪世界融为一体，这种白色成为它们天然的保护色。这是一种比较显见的适应机制，不过还有一些不那么明显的机制。漫长的进化使它们已不能很好地适应温和的气候了，在冰天雪地中反而更自在。极地地区的冰层会随着季节的变化扩大或缩小，而季节变迁的节奏，也就成为北极熊的生存节奏。

左图，一只北极狐正在靠近一只巨大的北极熊，希望能在这只大家伙的剩菜里分一杯羹

北极熊

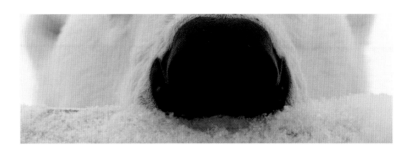

北极熊是陆地和海洋交流的使者。它没有领地，却能跟随季节变化的节奏，适应不断变化的环境。

北极熊是世界上体型最大的熊，它们是辽阔的北极冰川的象征。但在一百多年前，只有最勇敢的探险家才见过这种大白熊。

北极熊平时居无定所，在冰雪世界中不断地迁徙。它们的行动乍看起来不很灵敏，晃晃悠悠，还带着几分滑稽。北极熊的爪子宽厚无比，行走时与冰面的接触面积很大，可以保证它们在冰面上稳稳当当地行走，就像穿着雪地靴一般。这样能够有效分摊大家伙的体重，确保冰面不会受到过大的压力而破裂。北极熊一天可以走十几千米，耐力非常强，几乎不用休息。一般情况下，北极熊行走的时速在5~6千米，不过它随时可以提速到每小时40千米，这个速度已经可以和马相比了。

■ 页码2~3，两只雄性北极熊可能会因为争夺猎物和交配权而展开一场激战
■ 上图，在阿拉斯加的伯纳德岬角，两只年轻的北极熊在冰冷的海水中悠闲地游泳
■ 右图，北极熊虽然是个大块头，身手却十分敏捷，它可以用宽厚的爪子在冰面上奔跑

除非必要，北极熊一般不会奔跑，因为在冰天雪地里奔跑，能量消耗太大，耗氧量过多，并不划算。

和其他熊类相比，北极熊最突出的特点无疑是它的水性。它能够在水下很深的地方长时间潜水，并且能够一口气游很远的距离。在游泳时，北极熊的前腿就像船桨一样向前划动，而后腿就像舵一样掌控着方向。北极熊的脂肪厚度有十多厘米，这是耐力和耐寒性的保证，也让它更轻松地浮在水面上。因此，北极熊能够中途不休息地一次

游100多千米。有人曾在距离岸边300多千米的公海处看到过北极熊。你想一想，它游到那么远的地方之后，可能还要原路返回呢！

北极熊：大过灰熊，白如雪

北极熊是北极当之无愧的大力士，它身躯庞大，四肢厚重，爪子十分锋利和尖锐。

北极熊是现今世界上体型最大的陆上食肉动物。成年北极熊肩高约1.5米，直立起来最高可达3米。当它的四肢着地时，身长大概

有2~2.5米；相比之下，它的尾巴较短，只有12厘米左右。

北极熊的体重也是北极地区的王者，雄性北极熊一般能达到500千克。根据国际北极熊组织的报告，世界上最重的北极熊有1000千克！雌性北极熊会比较"苗条"，体重一般是雄性的一半。不过，它们的体重数据也会随着季节而发生变化。从春天到夏末，母熊的体重能够翻倍。

在冰天雪地里生存，北极熊的身体构造要保证尽量少散热。它的身体庞大，脑袋却很小，脖子很长，

脸也不短。它的耳朵暴露在严寒中，所以也非常小，而且是毛茸茸的。

北极熊的犬齿极为发达，臼齿也十分尖锐。对北极熊来说，这都是自然选择的结果。北极熊基本上是纯肉食动物，因为这样才能尽最大可能摄取能量。

北极熊的整个身体除了鼻子之外，都有厚厚的皮毛覆盖，就连爪子与冰雪接触的部分也有皮毛。这样能让它保持较高的体温，而且还能增大与冰面的摩擦力，避免在冰面行走的时候滑倒——要知道，在冰面上打滑，后果可能是灾难性的。

北极熊的皮毛防水性很强，厚厚的皮下脂肪有助于储备热量，这对于在冰天雪地中求生至关重要。

北极熊的毛很长，能达到10厘米，四肢的毛要更长些。

熊科动物家族的正牌食肉者

北极熊的食物主要是肉。它是冰雪世界的掠食者，主要捕食海豹，尤其是环斑海豹、髯海豹和格陵兰海豹。北极熊的嗅觉非常灵敏，能够闻到30千米之外冰层上的食物气味。因为生活在一个静谧而近乎单色的世界，它的视觉和听觉并不是十分发达。

根据计算，北极熊行走时消耗的能量是休息时的13倍之多，所以它一般采用守株待兔的方式进行捕猎。当它在冰面上发现海豹的呼吸孔后，就会很有耐心地等上好久。

海豹只要一露头，北极熊就立刻发起攻击，用尖锐的利爪将海豹拉出水面。不过，每次的耐心等待并非都会得到回报。北极熊进行突袭的成功率并不高，只有2%。厚厚的冰层也无法阻挡它灵敏的嗅觉，它能够闻到1米厚的冰下是否有海豹。如果确定有目标，北极熊也会借助自身的重量，高举起前爪用力敲碎冰层，把躲在冰下的海豹拽出来。在这种情况下，北极熊俘获的通常都是小海豹。小海豹的妈妈出去觅食了，落单的它们还不知道应该如何应对这样的危险局面。

北极熊有时还会运用第二套战术。它会不动声色地靠近刚出水的猎物，然后以闪电般的速度将其俘获。

北极熊很少直接在海里追捕海豹。不过，当它决定对海豹穷追不舍的时候，最后获胜的往往也是它。

在食物非常充足的情况下，北极熊还是很大方的。它们只吃海豹的脂肪和皮，剩下的部分会慷慨地留给北极狐。海豹的体内富含鲸脂，吃这种高热量的食物为北极熊积蓄了大量的脂肪，保持了身体健康并维持体温。据生物学家测算，北极熊每天要消耗 2 千克的脂肪。北极熊所储存的大量脂肪能够在新陈代谢的过程中产生能量：脂肪与氧结合，释放出碳水化合物和水，与骆驼用驼峰积蓄脂肪的机制相似。通过这种方式，北极熊能够获得新鲜的水补给，这在寒冷的月份中尤为

■ 页码 6~7，这三幅图就是北极熊捕猎的场面。北极熊直立起身子，借助身体的重量，用力敲碎冰层，将冰层下面的海豹拽了出来

▶ 北极熊的毛是白色的吗？

北极熊看起来是白色的，但其实它们的毛是无色透明的中空小管。在反射可见光时，它们就成了"白熊"。在雪白的皮毛之下，北极熊的皮肤是黑色的。这些特点保证了北极熊能够最大程度地吸收阳光，保持体表温暖。此外，上年纪的北极熊的皮毛颜色因为氧化会有些发黄，有时因为季节和光照，颜色还可能更深些。

必要。你也许会问，要补水的话，直接吃雪不就行了吗？其实并不是如此。从能量的角度来说，如果通过吃雪来补水，要花费额外的能量给雪加温，这也是不划算的。

如果其他的哺乳动物像北极熊一样摄取如此多的脂肪，身体早就受不了了。然而北极熊却安然无恙，因为它有一种特殊的基因，能够清除血管中大量的脂肪。如此一来，

它就不用担心会因为高脂肪、高热量的饮食而发生血管阻塞了。

北极熊是掠食者，不过它并不挑食。如果一时间无法成功捕猎海豹，它也会吃其他东西，并且能找到什么就吃什么，当饿极了的时候，它也会来者不拒，甚至包括动物的尸体、人类的生活垃圾。它还会捕食一些小型的猎物，比如啮齿动物、鸟类，而正在筑窝的鸟最容易成为

它的盘中餐。别看北极熊的个头很大，其实它非常矫健灵敏，爬上陡峭的岩壁，抵达高处的鸟窝，对它来说并不费力。

北极熊一般不会攻击大型哺乳动物。海象的个头和力量都不小，还有长而锋利的牙。一般情况下，北极熊不会对海象发起进攻。如果它真的铤而走险，那一定是饿坏了。

有时候，北极熊甚至会捕食某

■ 左图，一只母熊带着自己 18 个月大的幼崽，在游泳后越走越远。北极熊的毛能防水隔热，可以避免冰水与皮肤接触
■ 上图，一只母熊刚刚走出洞穴，抖了抖身上的雪

些中等个头的鲸，比如白鲸和独角鲸。它会蹲伏在巨大的浮冰边缘，等待鲸探出脑袋呼吸。这个画面在冬天尤为常见，鲸会在尚未完全成形的冰带之间穿梭往返。这无疑为北极熊提供了不错的机会。虽然它们是凶猛的肉食动物，但是在食物短缺的时候，也顾不得身份了。在夏季，北极熊偶尔会吃浆果、植物的根茎或海草。

冰川上的独行者

北极熊不喜群居，喜欢独来独往。有时候，它们一整天都在四处溜达，或趴在冰上休息，看一看有没有海豹从呼吸孔探出脑袋来。

北极熊没有固定的窝。当暴风雪来临时，它们也不过是蜷缩在雪地里等待暴风雪过去。一切平静下来后，它会站起身来，抖落身上的雪，若无其事地继续前行。

与其他熊科动物不同，只有雌性北极熊会进行冬眠，雄性还肩负着狩猎的重任。在天气条件尤为恶劣的情况下，北极熊也会在雪地里挖一个临时的窝当作庇护所。

繁衍与幼崽的生活

春天是繁衍后代的季节。雄性北极熊会克服独行者的天性，寻觅雌性北极熊留下的痕迹。有时候，

它们要沿着气味轨迹走几千米才能找到意中人。如果追求者不止一个，雄性北极熊就要为争夺配偶而相互斗殴，一场恶战也在所难免。北极熊成功配对后，会一起生活十几天，目的只是为了传宗接代而非永久结合。一只体型庞大的雄性北极熊有可能在同一时期前后与几只雌性北极熊成功配对。

交配过后，雄性北极熊将会离开，再次成为冰原上的独行者。雌性北极熊在春季交配，但受精卵在很长一段时间内都不会发育，这种现象在生物学上叫作"延迟着床"。

交配之后的雌性北极熊会抓紧时间捕食海豹，尽力增肥。这段时间它的体重几乎能够翻倍。在晚秋时节，雌性北极熊为分娩做准备，会在积雪厚的地方挖一个雪洞作为"产房"，保证幼崽能够在相对温暖的地方出生。

在这间"产房"里，雌性北极熊会进入冬眠状态，尽量降低自己的代谢水平，减少能量的消耗。在北极地区黑暗的冬季，雌性北极熊会在洞中迎接自己孩子的降临。

小北极熊往往是双胞胎，有时独生子、三胞胎的情况也会发生。北极熊刚出生的时候体重仅500克，随后会长得很快。幼崽出生后一开始什么都看不到，没有任何生存能力，要靠妈妈来给它温暖。北极熊的母乳脂肪含量达36%，幼崽出生后通过吃奶就可以获得充足的营养。到了春天，幼崽能长到10千克，这时它可以走出"产房"，看看外面的冰雪世界。两岁以前，小北极熊会一直跟妈妈在一起，妈

■ 左图，在阿拉斯加的北极国家野生动物庇护所，出生不久的幼崽在一只母熊的呵护下走出了洞穴
■ 上图，两只3岁的北极熊在打闹嬉戏，这实际上是对进攻行为的一种模仿；中图，一只小北极熊对弓头鲸的下颚感到十分好奇；下图，一只可爱的小北极熊在冰雪上打滚

脆弱的白熊

北极熊是凶猛的，同时也是脆弱的。它被列入世界自然保护联盟的濒危物种红色名录，级别是"易危"。近些年来，北极熊的数量一直在减少，这主要是因为冰川面积在不断缩减。今天，估计还有20000~25000只北极熊生活在大自然中，其中的60%在加拿大。很多学者对北极熊的生存前景都表示不乐观，认为在未来45~50年间，也就是大概再过三代，北极熊的数量还要减少30%。

北极熊是因纽特人日常生活中不可缺少的重要资源。因纽特人每年会捕杀一定限额的北极熊来满足传统和生存的需要。他们视北极熊为智慧而强大的动物，甚至会拒绝直呼北极熊的名字，深恐冒犯了它们。他们会用"在皮衣里的老人"这样的称呼来代指它们。

妈为它觅食。如果遇到了危险，妈妈还会不惜一切代价地保护它。小北极熊会从母亲那里学习捕猎和生存技巧。在这样险恶的环境下，每学会一项新技能，就意味着有更大的生存概率。两岁后，小北极熊会离开母亲，开始独立生活，到了五六岁，它们也将迎来自己的下一代。

小北极熊的存活率并不高，只有三分之一能够活到两岁。成年北极熊的寿命是15~25岁。

分布

北极熊生活在北极圈周边的国

■ 上图，在阿拉斯加的北极国家野生动物庇护所，两只雌性北极熊分别带着自己的两个孩子，小北极熊的个头已经不小了

家，主要分布在加拿大北部的群岛和格陵兰岛西岸，最南不会越过北纬55度，基本上在常年有冰雪的地区。在北极地区的冬天，气温最低有时会到 -34℃ 左右，极端情况下会低至 -69℃。这一区域的水温当然也寒冷刺骨，通常在 -2℃ 左右，也基本就是海水结冰的温度。■

北极狐

北极狐的个头很小，体态优雅。和其他狐狸同类一样，它们非常聪明，并且比其他地区的同类更能够抵御严寒。北极狐是冰雪世界的高贵女王。

北极狐通身为白色，分布于北极地区，活动于整个北极范围。

北极狐对严寒条件的适应，塑造了它独一无二的特征：全身的皮毛很厚，耳朵比红赤狐短而圆，脸更短一点。这些特征都利于它尽可能少散发热量，避免皮肤大面积暴露在冷空气中。

北极狐的个头不大，体长约60厘米，尾巴有30多厘米，肩高很少能到40厘米，体重最大能到5千克。北极狐的皮毛特点十分鲜明，它的皮毛几乎是哺乳动物中温度最高的。在冬天，它全身毛色为纯雪白色，只有鼻尖和尾端是黑色。它的脚底部也长着浓密的绒毛，因此它不畏冰雪寒冷，也不怕陷入雪地中。

■ 页码14~15，在挪威的斯匹茨卑尔根岛，冬天的北极狐周身发白，与环境融为一体
■ 上图，在冰岛的霍恩斯特兰蒂尔，夏天的北极狐毛色大变样
■ 右图，白色是冰天雪地中的最佳保护色

当北极狐行走在冰天雪地中时，你很难在一片白茫茫的环境中一眼发现它。这种保护色是北极狐的生存法宝。

北极狐：北极的变装女王

北极狐的皮毛一年会变两次颜色。第一次是在春天的5月份左右，冬天的皮毛开始褪去，新长出来的毛更短些。随着季节的变化，冬去春来，冰雪消融，下面的岩石露了出来，而北极狐也在响应着大自然变装的节拍。这时它的皮毛颜色会逐渐变深，呈现出灰褐色。

冬天的北极狐有一身优雅的皮毛。如果你在夏天看到同一只北极狐，肯定想不到它在冬天有多么优雅素净。在皮毛的颜色大变样后，它们几乎成了另外一种动物。

初春时节，北极狐身上又短又硬的黑毛更凸显了它瘦骨嶙峋的身体。不过，它有一整个夏天可以补充营养，这正是食物最为丰富的季节。在每年9月份，它又会慢慢换上冬装。到了初冬时分，它就会变回素净优雅的白狐。此外，还有一种主要活动在北冰洋沿岸的蓝狐，它一整年的颜色都比较深，只在冬天时颜色会稍微变淡一些。

■ 左图，在俄罗斯的弗兰格尔岛，一只"换装"中的北极狐，它的嘴里叼着一枚雪雁的蛋
■ 上图，在俄罗斯弗兰格尔岛的冬天，这只北极狐刚刚抓住并杀死了一只旅鼠

不挑食的掠食者

北极狐是掠食者，但并不挑食。在这样极端的环境中，饱腹是第一位的。当然，条件允许的时候，北极狐会以小型哺乳动物为食，比如巢鼠和小松鼠。此外，它有时候也吃鸟、昆虫、鸟蛋和树上的果子。如果饿得没办法了，它也会吃腐尸和人类的生活垃圾。

冬天是食物短缺的季节。北极狐甚至会大胆地接近北极熊，看看能不能获取点儿残羹冷炙。在食物极端贫乏的情况下，北极狐甚至会以其他动物的排泄物为食。

夏天，食物会相对充裕。北极狐是有远见的动物，它会提前将多余的食物储藏起来，或放到窝里，或埋在石头下面。北极地区是天然的冰箱，北极狐丝毫不用担心食物变质。几个月以后，等它将食物挖出来享用的时候，食物往往还相当新鲜。

在北极的中部地区，在欧亚大陆的最北端和格陵兰岛东部地区，这里生活的北极狐主要以旅鼠为食。因此这一地区北极狐的数量很大程度上取决于这种小动物的数量，后者的族群数量每3~5年会发生一次变化。

海边没有旅鼠的身影，在这里生活的北极狐食谱比较复杂，它既是海洋食物链的一员，同时也在陆地食物链中占有一席之地。海边生活的北极狐更欢迎夏天到来，因为食物来源的多样性，这类北极狐的数量比内陆地区的同类更加稳定。

习性与繁衍

北极狐行动不定，它们不断地迁徙，只为寻找食物。在睡觉的时候或在暴风雪中，北极狐会用厚厚的尾巴盖住身体，护住鼻子，使之保持温暖。

在繁衍的季节，北极狐的领地意识比较强。它们是一夫一妻制，会合作哺育后代。在幼崽出生后的几周内，雄性会负责为家里带来食物。

北极狐在交配的季节会因地制

宜地建立自己活动的领地。许多鸟在岸边筑巢，这里无疑是北极狐食物最为丰富的地区。不过，这一地区的面积通常不会太大，在3~5平方千米。在内陆地区，北极狐的猎物数量难以预测，而且分布区域面积更大。为了觅食，一对北极狐夫妇的领地可达60平方千米。

2月底到4月初是北极狐交配的时期。在受孕50多天后，母亲会将一窝小北极狐带到世界上。它们的父母会提前把窝备好，安全起见，聪明的北极狐会给窝设置好几个入口。

小狐狸刚出生时只有50~65克重。它们长得很快，4~5周后就可以断奶，但仍然离不开父母的呵护。

在10周的时候，小北极狐就可以离开窝，而且每次离开的时间都会越来越久，这表明它们越来越独立。到了8月底，北极狐的窝就空空如也了。

北极狐在断奶后的死亡率并不高，概率是20%~25%。但它们第一次过冬时，死亡率高达74%。不少经验不足的小北极狐很难找到食物，冬天对它们来说很难熬。因此，一窝生的两只小北极狐（通常是雌性）会合作觅食，结伴度过第一个冬天。

北极狐的平均寿命是3~4岁。在挪威的斯瓦尔巴群岛，人们曾经发现过16岁高龄的北极狐。

分布

北极狐只生活在北半球，并集中分布在北冰洋沿岸。它们主要分布在环北极的地区，包括加拿大北部的冻原地带，以及格陵兰岛和北极的冰川。在白令海和北极圈的许多岛屿中，也有它们活动的身影。

在最近一次冰期，北极狐在北半球的许多冰川边缘地带都有广泛分布。今天，人们在中欧地区还发现了它们祖先的化石。

■ 左图，在加拿大埃尔斯米尔岛，一只北极狐蜷缩起来，好让身体保持温暖

■ 上图，在挪威的多弗勒山－松达尔国家公园，可爱的小北极狐还没有成为冰雪世界的银装女王

■ 右图，此时，小北极狐的颜色较深，能与周围环境的颜色融为一体

▶ 猎物与掠食者

今天，全世界的北极狐数量约十几万只，因此它们不算濒危物种。不过，它们的数量随着季节变化而起伏较大。因为它们的猎物，比如旅鼠，并不是一年四季都容易被发现。

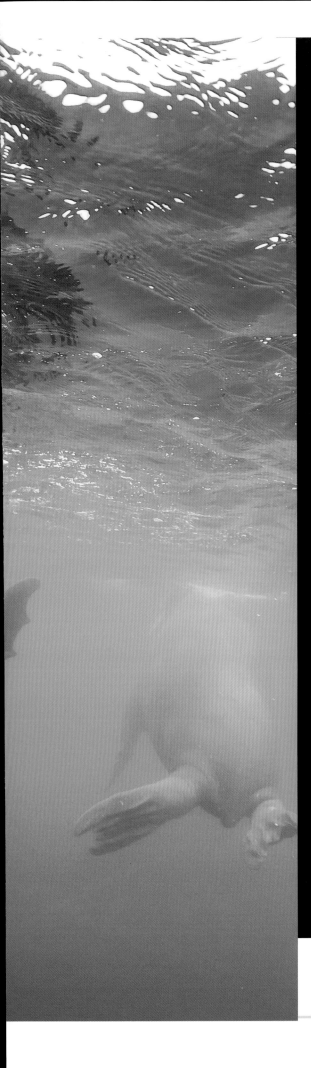

第二章
鳍脚目动物

哺乳动物在漫长的进化中，适应了各种不同的环境。其中，有的成员在久远的过去选择了一条不寻常的进化之路，决定从陆地转移到水中生活。为了适应海洋中的生活，海洋哺乳动物采取了不同的进化策略。水獭的爪子又宽又厚，可以帮助它们轻松游水；海豹和海狮的四肢进化成了鳍；鲸的进化则更加彻底，它们的整个身体构造都发生了巨大的变化。

鲸不是鱼类，它们仍然是生活在海洋中的哺乳动物。但它们为了适应海洋环境，外形已经进化到和鱼几乎没有什么差别了。海牛的前肢像鳍，后肢则已经退化。鳍脚目动物的进化既保留了陆地哺乳动物的形态，又把四肢进化成了鳍。鳍脚目动物也许看起来有点滑稽，但在海洋中行动十分自如，与鲸相比丝毫不逊色。

■ *左图，在挪威的斯瓦尔巴群岛，一群在海面上游泳嬉戏的海象*

水陆两栖哺乳动物

海豹上岸后，的确显得十分滑稽和笨拙。一旦入水，它们就极为灵活，身姿优雅。

　　鲸类从食草的陆地哺乳动物进化而来，而鳍脚目的祖先则是食肉动物。如果你只看海狮和海豹的脑袋，不难发现它们和陆地食肉动物很像。它们没有忘记自己在进化史上的出身，除了长相之外，它们还保持了与陆地的联系，仍可以上岸生活。

　　所有鳍脚目动物都会在岸上繁衍后代，幼崽的出生和早期的成长也不在水生环境中。不过，为了在海洋里觅食求生，鳍脚目动物在漫长的进化中做出了很大改变。有些改变是长相上的，而有些改变则没那么明显。

　　鳍脚目动物有三个科：海狮、海豹和海象。它们有一些共同特征，同时差异也是显而易见的，比如只

有海象才长着两枚长长的牙齿。

很多人分不清海豹和海狮，经常会把海狮当成海豹。不过，如果你仔细观察，就会发现它们之间的差异：海狮有一对小小的外耳，而海豹只有耳洞，没有耳部轮廓。

此外，除了耳朵的结构不同，它们的足部差异也很明显。

海狮的爪子很光滑，而且比较长。它的足鳍可以朝前摆放，和陆地哺乳动物一样。海狮几乎可以将上半身直立起来，抬起肚皮远离地面。而海豹的前鳍不是很发达，无法在冰面自如行动。所以它只能把肚皮贴着地面，拖着身体慢慢前行。海豹和海狮的爪子不同，决定了它

们的前进方式也不同。海狮的行动要敏捷很多，甚至可以用前鳍来支撑行走。虽然海狮的样子较滑稽，但海豹相比之下更不自在，它靠肚子贴着地面使身体伸缩前行，就像一个巨型蠕虫一样。

鳍脚目动物的游泳方式和鲸类很不同。鲸类的脊柱没有那么灵活，

■ 页码24~25，髯海豹的前鳍较圆，长着巨型指甲
■ 左图，在阿拉斯加普里比洛夫群岛，成年雄性北海狗比它的雌性伴侣们的个头要大很多
■ 上图，在南设得兰群岛的半月岛，一只雌性南极毛皮海狮

推进力主要来自于尾鳍。鳍脚目动物的脊柱比较灵活，它们转向更加轻松。

因此，鳍脚目动物在水里的行动更灵活。它们纺锤形的身体入水之后就如陆地上的蛇一般灵巧，能够出其不意地变换方向，甩开后面的敌人。

海狮宽阔的前鳍像鸟儿的翅膀一般，而后鳍除了掌握方向之外几乎不动。

在游泳的时候，海豹和海狮的差别就更大了。海狮运用前鳍来助推，而海豹则刚好相反。入水后，海豹前鳍的主要功能是调整方向，后鳍提供推力。它们用后鳍同时拨

动水，就像在鼓掌一样，拍打着后鳍，提供推力而前行。

通过这种方式，海豹的水下时速能够达到25千米。但一般情况下，它们不会游得太快，时速不会超过10千米，而这是海狮和海象能达到的最快速度。

适应严寒

鳍脚目动物在地球各个纬度的大洋中都有分布，包括地中海这样的内海，甚至像贝加尔湖和里海等。

海豹也会向南北极地区迁徙。它们的一些近亲将在冰雪世界中度过一生，比如海象。

海狮有着非常厚的皮毛，海豹的毛要短一些，基本上无法形成隔热保护，而海象就只有非常稀疏的细毛了。

这些鳍脚目动物的体内都有厚厚的脂肪层，这是它们防寒保暖的保障，并且能够调节血液循环。简而言之，当它们暴露在严寒中，血就会从皮肤的表面回流，有效避免热量过度散发。

在两极地区，两栖生活还给这些动物带来了其他挑战，比如呼吸、淡水摄入、如何在海水中不费力地漂浮等。这些问题的实质是如何尽可能地保存能量。

厚厚的脂肪层除了防寒，还可以解决两个问题：一方面，脂肪能够为生命体提供充足的水分，就像北极熊一样；另一方面，你也许已经猜到了，脂肪层有助于它们轻松地浮在水面上，毫不费力地游泳。

海豹幼崽刚出生时，体表往往带着一层白色胎毛，可以有效防寒。几个月后，幼崽也有了足够厚的脂肪层的保护。这时候它们会褪去胎毛，长出与成年个体颜色相同的毛。

半睡半醒的海狮

　　海狮有一种特别神奇的能力，它睡觉的时候，大脑只有一半进入睡眠状态，另一半则保持清醒，左右脑轮流入睡和保持清醒。事实上，不仅海狮会这样，许多鲸类也是如此。这种独特的能力让这些在海里生活的哺乳动物具有许多优势，比如能够和同伴保持沟通、敌人靠近能及时发现等。

　　海狮会在岸上睡觉，也会在海里睡觉。它们在水里入睡时可以很好地控制呼吸。不过，它们不能在海里待太久，隔一段时间要浮出水面呼吸。

　　当海狮入睡的时候，如果它的左脑是清醒的，那么右眼就会睁着；如果右脑清醒，则左眼睁着。

　　海狮在水里睡觉的姿势也很特别，它的脑袋会露出水面，或者一部分浸入水面。海狮打起呼来毫不含糊，一旦入睡，鼾声不断，很远都能听见。海狮的循环系统很发达。它们是闭气的高手，能够在水下停留10分钟以上，然后再浮上来呼吸空气。它们的身体甚至能忍受寒冷的北极水域 -35℃的低温。有些动物虽然不在水里睡觉，也可以在水里屏气很久。这种能力可以防止身体变冷。如果吸入太多冷空气，或者因呼出了太多的空气而失去过多水分，都会让身体感到不适。

■ 页码 28~29，在挪威斯瓦尔巴群岛，几只海象在漂浮的冰层上休息
■ 左图，在加拿大圣劳伦斯海湾的马德莱娜群岛，一只年轻的格陵兰海豹
■ 上图，可以很清楚地看到海象又密又粗的胡须

▌感官

鳍脚目动物在水里非常灵活，可以轻松捕鱼。大部分鱼类都难逃成为它们腹中美味的命运。

鳍脚目动物的潜水能力都很强，有的可以潜到100多米深的地方，有的海象甚至可以下潜到1000米的深海。

深海处几乎没有光。有人猜测鳍脚目动物可以通过回声来判断猎物的方位，不过这一点还有待验证。有证据表明，它们的视力其实非常好，在伸手不见五指的地方，也可以捕捉到猎物十分轻微的活动。

有些鳍脚目动物的嗅觉很发达，还有一些嗅觉一般。一般而言，在水中生活并不需要太灵敏的嗅觉，因为潜水后它们的鼻孔是闭着的。不过，对于雌性来说，嗅觉还是很重要的，否则它们就可能找不到孩子了。鳍脚目动物都长着长长的胡须，可以帮助它们在彻底没有光亮的地方探明附近的动静。

▌两极地区的鳍脚目动物

有一些海豹生活在两极地区附近，比如在北极生活的海豹和在南极生活的南象海豹。■

"泳" 者海象

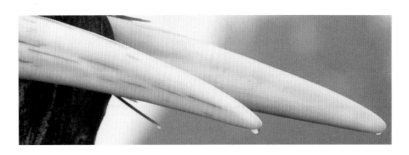

海象有着两颗长长的牙齿，因此没有人会认错。的确，它长得不算美，身体比例也不是很匀称。不过，这丝毫不影响它成为游泳高手。

海象长着一张让人一看见就不会忘记的脸。你也许不熟悉它的习性和生活方式，但是一看到它的样子，你就立刻能明白，为什么它被称为"海里的大象"。

海象主要生活在北极地区。经过漫长的进化，它适应了水中生活，四肢已退化成鳍。

海象是最大的鳍脚目动物之一。雄性体长可达3.6米，体重可超过1500千克。雌性的体长较短，不过也有近3米长，体重在600~900千克。

海象有着大大的身躯和小小的脑袋。它的双眼凸出，上唇周围长有一圈又长又硬的胡须。一对上犬齿从它两岁起就不停地生长，尖端从嘴角垂直伸出形成标志性的巨牙。

■ 页码 32~33，直到今天，人类对海象如何繁衍后代仍然所知不多。据猜测，雄海象应该会为了争夺配偶而大打出手
■ 上图，一块漂浮的冰上挤满了海象。海象是群居性动物，一般会成群结队地活动

雄、雌海象都有长牙，雄性的长牙更为壮观，长度甚至可达1米，重达5千克。

海象的很多身体特征和海狮、海豹都很相似。和海狮一样，海象的前鳍也可以把身体支撑起来，后鳍能向前方折曲，可以在陆地或冰上支撑身体并爬行。

和海豹一样，海象也没有耳郭，保暖只能靠脂肪层。它的毛非常稀疏，基本上无保暖功能。

海象皮下脂肪的厚度可达15厘米，足以抵御北极的严寒。它的体表一般呈灰褐色或黄褐色。在海水中浸泡后，海象的动脉血管收缩，血液流动受限制，此时它的体表呈灰白色。上岸后，海象晒晒太阳，血管开始膨胀，体表又呈现棕红色。这一机制可以使海象的体温不至于太低。

海象上岸后的样子多少有点滑稽。它有时会借助长牙和后鳍摇摇

晃晃地行走，显得笨拙可笑。一旦入水，它就成了敏捷矫健的游泳高手。它的前鳍功能和海狮差不多，后鳍和海豹相仿。海象游得不快，一般来说时速是5~6千米。不过，如果有必要，它也可以骤然提速到30千米。

挑食的海象

海象在饮食上比较单一，主要吃带壳的软体动物，这些动物大多

■ 上图，你可以很清楚地观察海象的五官。它的头部与身体界限分明，鼻孔可以闭合，胡须已经结冰，长牙可达一米

生活在海底的泥沙中。因为这种饮食偏好，海象经常在80~90米深的海底活动，有时它们甚至会下潜到400多米的深海觅食。

以前有人推测，海象长着长牙是为了从海底刨食物，后来发现并非如此。当海象潜入海底后，它会摆动头部翻动海底泥沙，用鼻口部和触须去觅食。在找到贝壳后，它会用前肢内侧夹住贝壳，将其磨碎；与此同时，它会上浮一段距离，松

开掌面，等待碎贝壳与贝肉分离后，再将下沉速度较慢的贝肉吸进嘴里。所以，只要有海象经过的海域，海底都会有很多空的贝壳。

它的触须就像人的两撇小胡子，但并不是为了装饰。每个触须都非常敏感，可以进行毫米级别的探测。

除了软体动物，海象还吃海虫、虾和一些游速不快的鱼。

此外，还有人观察到海象捕食海鸟和海豹。不过，这种现象并不

常见，只是偶然的个体行为。

冰雪世界的动物社会

一群海象聚集在巨大的浮冰上，有的都快要被挤下去了——这样的场面并不少见。海象是群居性动物，它们可以通过发出不同的声音来进行成员间的互动，有的声音像狗叫，有的声音像在敲钟。此外，距离较近的海象在通过声音传递信息的同时，面部表情也很丰富。

海象仅在北极地区生活，它们的分布和环北极地区的海岸生态环境直接相关。海象族群的活动随着冰川季节性的扩张和缩小而变化。每年，它们都会大规模集体出动，进行场面壮观的迁徙。

今天，海象的总数是20~22万只。由于全球变暖，北极冰川消融，海象的生存受到了极大威胁。尤其在未来几十年中，人类仍应密切关注海象的数量与分布。

▦ 左图，一只带着孩子的母海象
▦ 右图，一群海象上岸后在晒太阳。你可以看到，它们的体表在阳光的照射下变成了棕红色

海象在冰冷的海水和冰层上过着两栖生活，上岸后的活动时间也很长。每个海象群落的成员个数从几十只到上万只都有可能。在沙滩上、多岩石的海岸以及冰原上都有它们的身影。比起陆地，它们更喜欢在冰上生活。除了交配的季节之外，雄海象一般会离群索居。不过，它们也不会走得太远，而是在雌性和幼崽附近活动。

海象一般在冬天繁殖，想要在北极地区的寒冬里近距离观察海象的求偶和交配，几乎是不可能的。因此，人类还没有对海象的繁殖方式展开过十分深入的研究。不过一般认为，雄性之间会为了获得交配权而发生激烈的交锋，通过比武决定谁有资格成为父亲。

雌海象会在每年5月份暂时远离群体产下幼崽，在生产几天后才会再次归队。

海象幼崽出生后会得到无微不至的照顾。如果母亲不在身边或出去觅食，会有其他的雌海象代为照顾，这体现了群体内的协作精神。

当北极熊或者虎鲸出现的危急时刻，海象也会发挥同样的协作精神，共同抵御外敌，保卫群体的安全。

如果群体遭遇突然袭击，那就只好走为上策了。在巨大的恐慌下，大家夺路而逃，而在一片慌乱中，海象幼崽往往会遭到厄运。

海象幼崽在两岁之前都不会断奶。它们十分依恋母亲，到了5岁才会离开妈妈。一般来说，在自然界生存的海象可以活到40岁，甚至还可能更长寿。▦

南象海豹

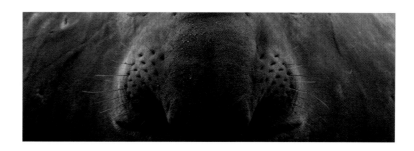

南象海豹的名字非常贴切。它其实是海豹的一种，因为长着无法被忽视的"象鼻"，所以叫"象海豹"。

南象海豹是鳍脚目动物中的大块头。雄性体长可达5米，重3500千克。雌性的个头小很多，重量在400~800千克。在鳍脚目家族，乃至整个哺乳动物大家庭中，南象海豹的雌雄差异都是比较明显的。

此外，南象海豹还有北方的亲戚北象海豹，它们生活在太平洋的北美海岸。雄性南象海豹的鼻子像一个长鸡冠，这是它们最突出的特征，在兴奋或发怒时，它们的"象鼻"会膨胀变大。不过这个鼻子没什么具体功能，主要用作与同性竞争者打斗时耀武扬威。

雌性南象海豹没有"象鼻"。因此，如果一只雌性南象海豹落单了，你很有可能把它当成其他的某种海豹。

■ 页码38~39，一只南象海豹的鼻子膨胀，嘴巴张大，发出威胁的信号
■ 左图，雄性南象海豹之间的冲突非常激烈。你可以看到，它们都是伤痕累累的老兵
■ 上图，在福克兰群岛，一只母南象海豹带着自己的孩子。南象海豹在小时候是黑色的

虽然长相有点奇怪，不过南象海豹是海豹的一种，而不是海象。它们躺在冰面上，时不时会把脑袋抬起来。别看它的躯体巨大、肥胖，却是一个身段柔软的胖子。它的脑袋向背部、尾部都可以弯曲超过90°。当"坐"起来后，雄性南象海豹加上鼻子能有2.5米高。

南象海豹在陆地上的行动非常灵活，因为它们的身体本身就很灵活。它们像波浪一样前行，虽然看起来有点滑稽，但速度可是快得出人意料。

入水后，南象海豹的时速可达10千米。因为它们有鳍，游起来的姿势很优雅。

南象海豹主要以鱼和枪乌贼为食。鱼和枪乌贼都是潜水大师，生活在深水区。而南象海豹也是潜水的高手，可以下潜到400~800米的深水区，并可以屏住呼吸长达15~40分钟。南象豹中潜水冠军的成绩绝对让人想不到，它们甚至可以和鲸中的屏气高手一比高下。根据研究发现，南象海豹曾经在2000米的深海处潜水超过2小时！

南象海豹的视力很发达。即使在光线不充足的地方，它们也能够确定猎物的方位。除了自然光，许多动物身上的生物光也可以为它们提供帮助。此外，南象海豹长长的胡须也能帮助它们感应近距离的猎物活动。

以求偶的名义决斗

南象海豹最有名的是它们的繁殖方式。每当交配季节来临，南象海豹会在海岸沿线排布开，雄性将要迎接一场对决。

南象海豹大部分时间在海洋和南极冰川上度过。在环南极地区，食物非常丰富。

南象海豹会到更南的地带活动。不过，在求偶的季节，发育成熟的雄性南象海豹就会爬上南极洲附近海岛的海岸做准备。几周后，雌性南象海豹也会陆续上岸。

这场恶战一般发生在9月中旬。雄性南象海豹会在雌性的关注

下展开竞争。为了获得雌性的青睐，它们会非常认真地对待这场较量。双方会直立起身子，谁也不服谁，象鼻子膨胀起来，冲对方耀武扬威，用犬齿狠狠地咬对方的脑袋和脖子。

这场战斗将确定谁有资格获得交配权。胜利的南象海豹的伴侣数量可能达到100只。它将竭尽全力，通过展示自己的身体，或发出威胁性的声音，喝退任何挑战自己权威的同性。有时，两只雄性的冲突可能持续3~5周——显然，这将是一场持久战。因此，雄性往往会提前几个月吃成大胖子，积蓄充足的能量。

与此同时，此前已经受孕的雌性将会产下幼崽。3周之后，幼崽将断奶。雌性南象海豹在幼崽断奶之前几天，就会继续进行交配。

因此，南象海豹组成的群落由最强壮的雄性主导。此外群体中还有首次交配的雌性、正在喂奶带孩子的雌性以及刚断奶的幼崽等。在交配的季节，岸上可能会变得很拥挤和混乱，可怜的幼崽经常会被左冲右突的雄性撞倒。

■ 左图，在南大西洋的南乔治亚岛的莫尔特克港，南象海豹们正在海滩享受片刻的宁静
■ 右上图，有的时候，雌性南象海豹也会发生小规模冲突
■ 右下图，在阿根廷的瓦尔德斯半岛，一只南象海豹幼崽在沙滩上打滚

在繁殖的季节，南象海豹群落成员兴旺，吵闹声不断。这里有雄性发出的响亮的声音，还有焦虑的妈妈们找孩子发出的喊声，以及小海豹找妈妈的叫声。

和许多鳍脚目同类一样，南象海豹的受精卵不会在交配成功后立刻开始发育，而要等到几个月之后。

繁殖期过去后，雄性之间不再打斗，而是一起南下。新出生的幼崽会再等待几周，利用这段时间尽快学习游泳和捕猎。最后，它们都会离开自己出生的海滩。接下来的6个月，年轻的南象海豹将生活在海上，直到下一个季节再回来。■

▶ 生存情况良好

在南象海豹大家族中，有些地区有稳定的群体数量，有些地区则出现了数量下滑。据估计，今天世界上有65万只南象海豹，总体数量趋于稳定。

海豹

海豹是鳍脚目动物中最适应海洋生活的种类。除了上岸繁衍后代之外，海豹一生中大部分时间都是在水里度过的。

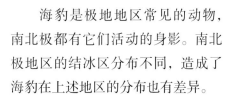

海豹是极地地区常见的动物，南北极都有它们活动的身影。南北极地区的结冰区分布不同，造成了海豹在上述地区的分布也有差异。

海豹在南极的分布比较有规律，从海岸地带一直到南极周边的大洋都会频繁出没。南极海豹的数量最多，其次是北冰洋、北大西洋、北太平洋等地。因为北极地区的外延部分靠近北美、欧亚大陆，所以海豹也经常上岸，在那里繁衍后代。

南北两极地区的差异在海洋哺乳动物的群体上也有所体现。在北极，海豹主要在北极圈附近活动；在南极，有五种海豹经常来到冰上活动。它们虽然都是海豹，但有一些差异，主要表现在饮食方面。

页码44~45，在挪威的斯瓦尔巴群岛，一只环斑海豹非常巧妙地在浮出水面的岩石上休息

上图，几只灰海豹在浪花里嬉戏打闹

左图，冠海豹膨胀起鼻囊，像一个顶着红气球的小丑

右图，出水后，髯海豹的胡须不久后就会打卷。它的脖子似乎是铜锈色，因为它在水里拱动了海底的沉积物，其中包括铁矿石，而铁在氧化之后会呈红色，这看起来就像给它的身体染了色

北方的海豹

环斑海豹主要生活在北半球的高纬度地区，甚至也会在北极终年不化的冰川上活动。很多其他的海豹不敢轻易涉足这些地区。

环斑海豹的背部分布有不规则

的棕灰色或银灰色的斑点，并且因此得名。

环斑海豹的雌雄两性外观相似，体重最高可达 100 千克，身长可达 1.6 米。

环斑海豹是北极熊的典型食物。

为了躲避北极熊的攻击，它们会用鳍上尖锐的指甲在冰层上凿出几个洞。这些洞在水里是相连的，可以形成一个连通的逃生通道。每只海豹都会在自己活动范围内提前打通几个安全出口。它们一旦遇到危险，

总能第一时间找到最近的安全出口。

冠海豹分布于北大西洋的北极和亚北极区。雄性的头上有一个黑色鼻囊，好像戴了一顶黑色的帽子，所以得名"冠海豹"。它长得有点像南极地区的南象海豹，当被激怒时，

雄性冠海豹的这个鼻囊会膨胀，看起来像顶着一个红色气球。

冠海豹的体长可超过2.5米，体重可达350千克。它的块头和其他两种极地的海豹差不多大：一个是髯海豹，因其吻部长有又密又硬的胡须而得名；另一个是灰海豹，它们的脑袋扁平，吻端至眼的距离约为眼间距的两倍。

在极地生活的海豹以鱼类和乌贼为食。在不同地区和不同季节，它们的猎物个头是大小不一的。此外，它们还以贝类和其他无脊椎动物为食。

灰海豹的习性更接近标准的掠食者，它们还捕猎鸟类和小型海豹。

人类还观察到灰海豹吃同类的幼崽，这种同类相食的行为很难解释，更何况它们还是群体繁衍的。灰海豹在大部分时间都是独行者。但是，在繁衍后代的时候，它们都会倾向于组成为数众多的群体。群居的时间可能很短，一般就是在沿海的冰层上。

在极地生活的海豹如环斑海豹，它们的幼崽全身覆盖着细而长的白色绒毛，偶有浅色斑点；但是，灰海豹和冠海豹则例外，它们的幼崽呈灰色或褐色。

不同海豹的颜色一般不相同。在海豹繁殖的季节，你可以看到它们的个体差异很大，会受性别和年龄的影响：有的海豹颜色深一些，有的浅一些，有的身上有斑点，有的则没有。

带纹海豹的颜色最为醒目。成年带纹海豹的颜色通常很深，多为黑色或灰色，并有三条白色环纹：一条围绕颈部，一条围绕尾部，还有一条围绕着前鳍肢。

这三种在北极地区生活的海豹都能下潜到百米多深的海底，而冠海豹又是其中的佼佼者。冠海豹曾被发现活跃在1600米的深海区长达1小时。

在南极地区生活的海豹

在南极地区生活的海豹除了南象海豹之外，还有豹形海豹和食蟹海豹。

此外，还有罗斯海豹和韦德尔氏海豹。它们都以鱼和乌贼为

■ 左图，在加拿大的圣劳伦斯海湾，格陵兰海豹的幼崽皮毛十分光滑，就像一个玩偶
■ 右上图，食蟹海豹生活在南极，这里有丰富的食物储备
■ 右下图，在日本北部的知床半岛，带纹海豹的颜色和条纹非常有特点

▶ 有待观察

尽管在极地生活的海豹一直受到人类捕猎活动的威胁，但目前据估计，带纹海豹数量约有20万只，环斑海豹数量约有700万只，格陵兰海豹数量约有900万只。因此，它们的生存现状从目前的数量来看并不需要担忧。但是根据观察，太平洋东部地区的冠海豹数量正在急剧减少，它们的生存现状值得人类进一步关注。

食，这是许多海豹的共同口味。韦德尔氏海豹由英国航海探险家詹姆士·韦德尔的名字命名。

杀手海豹

与其他鳍脚目同类相比，豹形海豹更偏爱以恒温动物为食。

成年之后，豹形海豹的体形蜿蜒、修长，脑袋不太像同类，反而更像陆地的掠食者。

豹形海豹的鳍又长又宽。它们的犬牙又长又尖，能够轻松地撕扯

猎物，是强大而有效的巨大杀器。

豹形海豹的体长3米，最长能达到3.8米，重量可达500千克。

豹形海豹在水里是敏捷矫健的杀手，时速可达30千米。它的游泳风格与其他海豹不同，更接近海狮，用前鳍状肢来游泳。

豹形海豹的主要猎物是企鹅。它和其他掠食者一样深知挑食的坏处，因此也吃鸟类、其他小型海豹、鱼类、枪乌贼以及各种无脊椎动物，包括南极大磷虾。

企鹅是豹形海豹的最爱。只要有机会，豹形海豹就会尽力捕食它，而且使用非常原始的战术。从人类的角度看，这是很残忍的。

豹形海豹常在巨大的浮冰附近转悠，上面的企鹅看到它都会很害怕。掠食者会以极大的耐心等待，它知道如果直接跳上冰层进行袭击，企鹅完全有时间从冰层的另一侧跳下去。那样的话，自己可就要扑空了。所以，豹形海豹不断绕圈子制造恐惧，总会有惊吓过度的企鹅跳

■ 左图和上图，豹形海豹是唯一能够捕食体型较大猎物的海豹，它们能够杀死其他海豹和企鹅。如图，它成功地捕杀了一只可怜的巴布亚企鹅

下来逃生。到那时，豹形海豹很容易追上落水者，美美地饱餐一顿。落水的猎物将很快被撕成碎片，这血腥恐怖的场面对豹形海豹来说，如家常便饭。而企鹅的恐惧叫喊，会在冰天雪地里传很远。

鲸的模仿者

食蟹海豹的饮食习惯和豹形海豹刚好相反。它们是世界上数量最多的海豹，牙齿特别适合过滤食物。

它们的牙齿像锯齿一般，是哺乳动物中牙口最锋利的，上下颚各有5颗颊齿，各齿的主尖头前面有1个、后面有3个齿冠尖头。这样的牙齿构造适于过滤食物，就像天然的筛子。当饥饿的食蟹海豹把大嘴一张一闭，就能透过筛子般的锯齿，把水挤压出去，过滤出食物（南极磷虾）。它的进食方式和鲸是一样的。

食蟹海豹并不主要吃蟹，而是以南极磷虾为主食。它们的大嘴一张一闭，水就从牙齿缝隙中流出，只剩下磷虾。

食蟹海豹能有2~3米长，重约200千克。它们呈浅褐色，幼崽的颜色更淡。它的鳍很长很宽，和豹形海豹差不多。在游泳的时候，它们也主要使用前鳍提供推力。

豹形海豹有时甚至会以食蟹海豹为猎物，会捕杀它们的幼崽。因此食蟹海豹的幼崽很多活不到1岁。而在长大之后，食蟹海豹身上还会有累累伤痕，这往往都是豹形海豹的"杰作"。

冒出冰面透气

　　头探出冰面喘口气，这是海豹们尤其是韦德尔氏海豹的标志性动作。

　　韦德尔氏海豹的身长能有3米，一般重600千克。它们主要分布于南极周围、南极洲沿岸附近海域。韦德尔氏海豹是长潜和深潜的优胜者，可以轻松地下潜到800米深的海域，最长可以在水下待80分钟。因此它可以在冰层下长时间游泳。当海面封冻时，它就会用前牙咬碎冰块，凿出一个冰洞，从下面钻出来。

　　韦德尔氏海豹主要以冰鱼为食，此外还吃头足纲动物，有时也以磷虾为食。

　　罗斯海豹的个头比韦德尔氏海豹小一些，它的闭气能力也稍微逊色，不过它还是可以轻松地下潜至500米深处。它的食谱和韦德尔氏海豹差不多，不过它主要吃头足纲动物。罗斯海豹的长相很特别，头圆颈短，头和纺锤体形的身子融为

一体，身体两侧有浅黄色条纹。幼崽的上半身颜色更深一些，腹部颜色淡，有点发黄。当靠近它的时候，罗斯海豹的反应很有趣。它会从水里垂直冒出脑袋，发出鸟叫般的声音。它的声音多变，有时候是鸟叫，有时候听上去像救护车。■

■ 左图和上图，韦德尔氏海豹能够很好地适应南极冰层的生活。它们经常在冰层下游泳，用牙齿咬碎冰块，凿出呼吸孔，露出脑袋来呼吸

生存与分布情况良好

　　食蟹海豹在全球大约有7500万只，韦德尔氏海豹也有100万只左右，豹形海豹的数量大约有40万只；数量最少的要数罗斯海豹，有13万只左右。它们都不是濒危动物。

第三章
企　鹅

企鹅是南极的标志。它们的样子憨态可掬，走起路来一摇一摆，像身穿燕尾服的西方绅士。但同时，它们在极端条件下能够奋力求生，突破生命的极限，因此深受许多人的喜爱。

企鹅共有 20 多个不同种类，除了唯一生活在赤道附近的企鹅——加拉帕戈斯企鹅以外，其他的企鹅都生活在赤道以南。有的企鹅生活在纬度较低的温带地区，只有帝企鹅和阿德利企鹅完全生活在极地。

企鹅是典型的海鸟，但是不会飞。它们能够完美地适应水中的生活：它们的翅膀成鳍状，入水之后是强有力的"桨"；它们的羽毛短而密，就像贴在身上一样，中间存留着一层空气，能够很好地保暖。

企鹅游泳的速度非常快，它们游泳的方式和海豚很像，在潜泳一段距离之后露出水面换气，再潜下去继续游。

企鹅潜在水下的时候，会扑扇自己的小翅膀，就像拍打鳍一样给自己提供推力，时速可以达到 8~10 千米。它们不能在空中飞，但在水下穿梭的样子，就像天空中的飞鸟。

■ 左图，帝企鹅在寒冷的南极大陆繁殖后代。只有它们能够在这样极端严寒的天气下哺育新生命。当然，这样也有好处，可以避开天敌

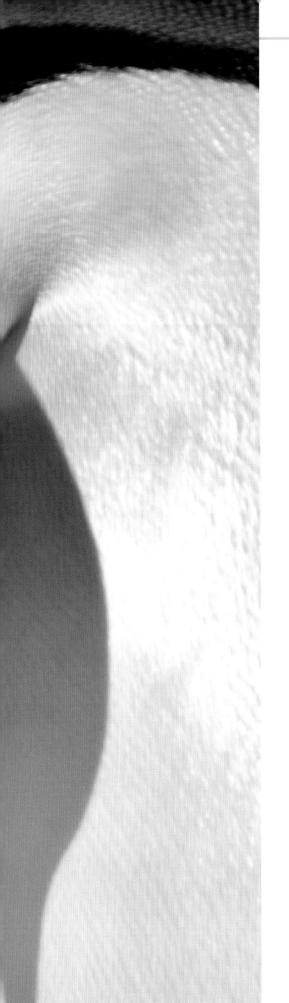

帝企鹅

有些动物居然会选择在一片寒冰荒漠中安家，帝企鹅就做出了这一勇敢的抉择。它们每年都会从海上来到繁殖地，在冬天的南极求偶、孵蛋和哺育后代。

帝企鹅是企鹅家族中个头最大的，身高可达1.2米，体重可达40千克。它的鸟喙和身体的其他部位能够无缝连接，看起来线条流畅，非常和谐。

帝企鹅身披黑白分明的软毛"礼服"。（不过它们的翅膀部位几乎没有毛）它们的脑袋是黑色的，眼睛后方有个橙黄色的斑点，同胸前和腹部的白毛渐渐融为一体。只有生活在南极的王企鹅才有同样的颜色，不过王企鹅的个头更小一些。

帝企鹅主要生活于南极洲以及附近的海域，通常在南极严寒的冬季繁殖后代。它们的王者风范多次成为纪录片的主题。因此，它们是企鹅界当之无愧的明星。

每年的4月份，南极开始进入

初冬，帝企鹅就会上岸活动。在严寒下，这里的冰川开始缓慢生长，最后形成了巨大的冰层。它们上岸后，会继续迁徙，往南极的内陆地区前进。

帝企鹅的迁徙是动物世界的胜景奇观。大部队要在上岸后继续走几十千米，选择安全的地方产下后代。

帝企鹅走起路来并不费力。不过在初冬时节，因为它们身上储备了大量脂肪，体重可不算轻，所以每走一步，都显得挺吃力。当走到冰层足够厚的地方，它们会干脆趴下来，肚子贴着冰面，用翅膀和爪子助推滑行，身体就像滑雪板一样，这样可以省下不少力气。

南极的冬天气温会降到 -50℃以下，刺骨的寒风风速达到每小时200千米，其他动物都无法在这样恶劣的环境下生存，但是帝企鹅每年却能够完成这艰苦的旅行。到达繁殖地后，成千上万的帝企鹅就会挤在一起取暖，谁也不争地盘。是啊，在极端环境下大家再内斗，岂不还要无谓地消耗能量？

有时候，去年的那一对伴侣在今年还能重逢。不过，这种情况很少见。通常，帝企鹅会建立新的情侣关系，并在整个冬季都保持这样的关系。

如果雄性帝企鹅的体型更大些，就更容易受到雌性的青睐。因为它们的体型是战胜未来挑战的最好保证——安家之后，下一顿饭最快也要3个月后才能吃到！

██ 页码 56~57，在威德尔海，一对帝企鹅夫妇正在互致问候

██ 左图，王企鹅长得很像帝企鹅，但个头要小一些，它们最高可达 1 米。它们有一半生活在克罗泽群岛上。在图中，你可以看到暴风雪中的一群王企鹅簇拥在一起，共同抵御风寒

██ 上图，小企鹅破壳而出的时刻非常关键，它们必须尽快在极地的温度下转移到"育儿袋"里，否则将会有生命危险

在交配结束的 2 个月后，雌企鹅会下蛋。它只负责产蛋，孵蛋的任务将交给配偶。雄企鹅会双脚并拢，用嘴把蛋滚到脚背上，不让蛋直接接触冰面，全套动作必须以最快的速度完成，否则蛋就会被冻坏。在它们的肚子下部有个孵化袋，企鹅蛋在里面很温暖，而且不会与冰面接触。孵蛋的重任交给雄企鹅后，妈妈们就会奔向海边去觅食。大约 60 天后，雌企鹅吃饱喝足，膘肥体壮，从远方的海中回来，它们在成群结队的企鹅群中能准确地找到自己的丈夫。

在南极的暴风雪夜晚，你可以看到壮观和充满父爱的场景：几千只雄帝企鹅聚集在一起，每一只雄帝企鹅的两脚之间都有一个自己的孩子。它们的双脚紧紧闭拢，尽量避免热量散发而让孩子挨冻。而且，大家还会不断地移动位置，目的是让在外围待着的同伴能够替换到相对温暖的位置。

奔向海边的妈妈们同样肩负重任。它们要尽量多吃点，摄取尽可能多的营养，这样才能回去接替自己的丈夫。不过，这对它们来说是有风险的。因为它们此时会暴露在豹形海豹的视野下，如果有一位妈妈被杀死了，那么它的孩子也肯定活不下来。

在小企鹅出生之后，虽然企鹅爸爸什么都没吃，但还会尽其所能地喂养孩子。它将胃里的食物反刍出来，用自己储存的营养物质喂养小企鹅宝宝。

小企鹅在出生后的几天内能存

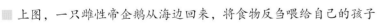
上图，一只雌性帝企鹅从海边回来，将食物反刍喂给自己的孩子

右图，一旦入水，帝企鹅就不再是憨态可掬的样子，各个都成了一流的游泳健将。它们的流线型身姿在图中展现得淋漓尽致

活，全靠企鹅爸爸的奇特喂养方式。新生的小企鹅还没长出自己的脂肪层，也没有厚密的羽毛保护，因此无法抵御严寒。它们在一段时间内仍会待在爸爸的"育儿袋"里。

如果小企鹅足够幸运，妈妈会及时赶回来和爸爸换班。企鹅妈妈把孩子从爸爸那儿接到自己的育儿

袋里，这是一项大工程，需要非常小心、谨慎，并以最快的速度完成。否则，在寒冷的环境中暴露时间过长，孩子将会有生命危险。

这时候，企鹅爸爸已经瘦了很多，体重只有之前的一半。现在轮到它到海边觅食了，需要好好恢复体力，把带孩子时损失的体重再吃

回来。一个月之后，它们将再次回到孩子身边，并和配偶换班。

小企鹅在妈妈的新鲜食物哺育下，很快就可以度过生命中最危险的时期。它们将长出厚厚的羽毛，再也不怕凛冽的寒风，并试着走向广大的冰雪世界。

此后，帝企鹅父母的换班会越

来越频繁，最后它们会同时离开孩子外出觅食。当父母不在的时候，小企鹅会互相依偎，跟自己的长辈一样，在 -10℃ ~ -30℃ 的严寒中互助取暖。到了初夏时节，小企鹅已经和成年企鹅差不多高了。小企鹅长出丰满的羽毛，这是它们走向成熟的标志。

直到有一天，企鹅父母不再换班照顾孩子了。这时，小企鹅就要独自去海边觅食了。冰雪已有一部分消融，海边对小企鹅来说不像冬天时那么遥远。第一次入水时，有些小企鹅身上的绒毛还没有完全退去，而下面的那层羽毛已经长全 —— 这意味着它们完全可以独自觅食，在海上度过夏

天余下的时光了。

在企鹅家族中，帝企鹅是顶尖的潜水高手，闭气能力很强。它们可以潜入水下 500 米深的地方，待 20 分钟左右。

阿德利企鹅

阿德利企鹅在春天筑窝。春天，冰雪消融的时候，多岩石的海岸成为它们的栖息地，但它们仍要提防从天而降或从海中出现的天敌侵袭。

与帝企鹅一样，阿德利企鹅也只有在南极地区才能见到。不过，它的繁衍方式和帝企鹅很不同。

阿德利企鹅是企鹅家族的中小型种类，体长60~70厘米。它的头和背部是黑色的，肚子是白色的。它能很好地适应南极的严寒，但不往大陆深处走，而是在春天时上岸。此时，岸边的冰层开始融化，多岩石的地区裸露在外，为它们提供了活动空间。

这些地区是阿德利企鹅筑巢的好地方。人类探险队会在这个时期来此建立观察站，许多好奇的企鹅会去围观。也许在它们眼中，人长得实在太奇怪了吧！

阿德利企鹅和帝企鹅不同，它们会自己筑巢。雄企鹅会在附近找

很多小石头，用来盖房子。求偶的时候，它们会高高扬起脑袋，并发出呼喊，声音听起来就像门在吱吱呀呀地响。雄企鹅常会把筑巢石子衔在嘴里，送给雌企鹅以示好。有时它送上的石头不是自己找的，而是偷来的。不过，偷窃要是被发现，失主和偷窃者双方恐怕又要大打出手了。

去年的旧情人有时会再次相遇，甚至还会在旧巢安家。不过，一般来说，它们每年会重新配对。求偶、交配和哺育后代的任务都必须尽快完成，因为南极的夏天实在是太短暂了。

雌企鹅下蛋之后，还是由雄企鹅负责照顾孩子。雄企鹅得一个月不吃不喝，此后再跟孩子妈妈换班，双方轮流为孩子找食物。幸运的是，它们走不了多远就能到大海。在海岸一带，阿德利企鹅可能会受到海鸥、贼鸥等鸟类的攻击，这些鸟类还会趁机吃企鹅蛋或出生不久的小企鹅。成年阿德利企鹅在海里觅食时，也会受到豹形海豹和虎鲸的攻击。

阿德利企鹅是游泳健将，速度非常快，而且身姿矫健无比。它们能够捕捉小鱼、头足纲动物，还有磷虾。■

■ 页码 62~63，一只阿德利企鹅好奇地朝摄影师走来

■ 左上图，阿德利企鹅会从附近找来小石头，或从邻居那里偷来小石子造窝

■ 左下图，在保莱特岛，一只贼鸥正在攻击阿德利企鹅。这引起了企鹅们的群起反击，为了保护自己的下一代，它们此时敢于迎击敌人

■ 上图，一群阿德利企鹅一齐跳入水中

▶ 生存现状

在全球范围内，帝企鹅的数量在60万只左右，它们对季节的变化非常敏感，因此生存现状值得人类关注。阿德利企鹅的数量较多，共有600万只，看起来，它们能很好地适应环境和躲避天敌的侵袭。

另外，帽带企鹅的数量也非常多，栖息在南极洲，并在南大西洋海域活动。

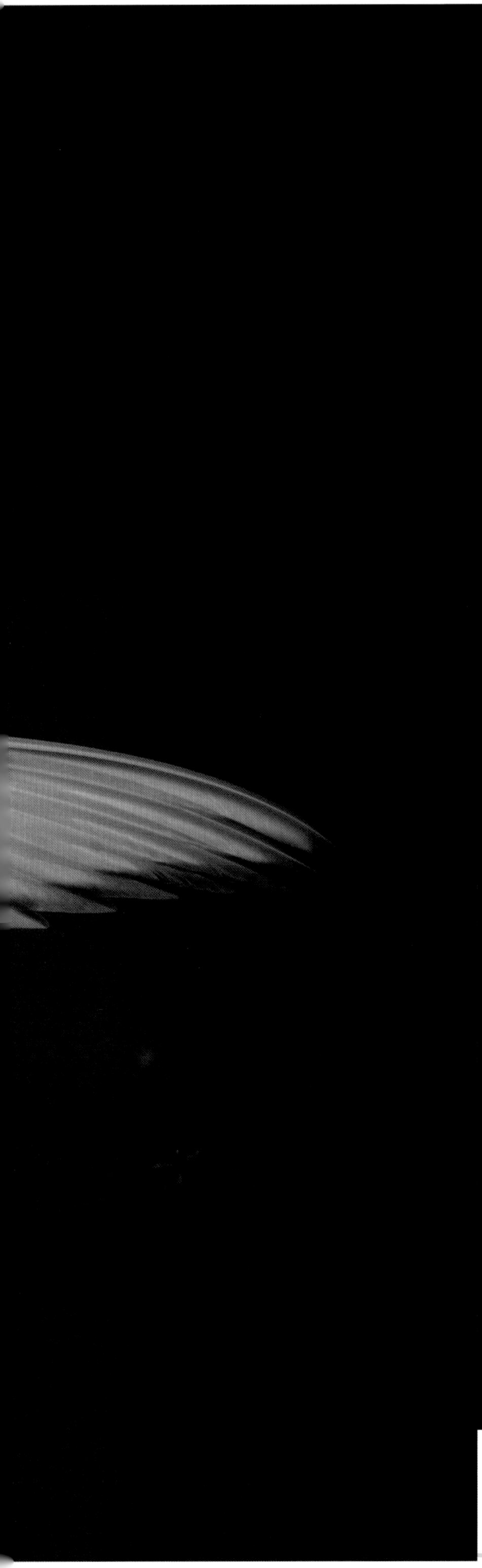

第四章
极地飞行

北极燕鸥分布于北极及附近地区。它是世界上最辛勤的候鸟，每年都会经历两个夏季。这是为什么呢？因为它每年都会从地球最北部的繁殖区向南飞，直到南极洲附近，然后再北迁返回繁殖地，全程达 70000 多千米。这是动物大家庭中迁徙路线最长的。

为了适应极地地区的生活，许多鸟类各有各的办法。还有一些鸟类和企鹅一样有名，比如北极鸥和巨大的信天翁。一共有超过 60 种海鸟在北极地区生活，对它们来说，飞回附近的陆地觅食或哺育后代，并不算十分困难的事情。

南极的情况就不太一样了。因为距离最近的南美大陆和非洲都相当遥远，有些鸟类就干脆选择在南极大陆住下来，还有些鸟类则选择在南极北部的小岛上生活。

■ 左图，一只北极燕鸥正在向胆敢靠近窝巢的入侵者发出警告

海鸟

　　海鸟的飞行能力都较强，能够高速飞行很长的距离。因此，它们完全可以来到北极或南极觅食，但还是会回到更温热的地区繁衍后代。

北极鸥

　　海鸥的适应能力很强，在全世界分布很广泛。北极鸥甚至能适应北极地区的严寒。这种成年大型海鸟的头、颈和下体是白色的，背部和翅膀呈灰白色，幼鸟则呈淡褐色。它们和鸥科家族的其他成员一样，喜欢在峭壁上建窝。象牙鸥是唯一全身都呈白色的鸥，完全可以隐身在冰天雪地里。

海鸠、海雀、海鹦

　　鸻形目家族的成员很多，它们大多是黑色的，不过身体下部是白色的。与冰天雪地一致的颜色，体现了它们对极地环境的适应。这些

鸟经常去公海，但也会在多岩石的岸边造鸟窝。它们建造的鸟窝很粗糙，经常用几根干树枝一筑就算大功告成，有时甚至直接在岩壁狭小的石阶上下蛋。

海鸠在海边的岩石上筑窝，那里的风特别大，足以刮跑鸟蛋。海鸠每次只产一个蛋，蛋的重心很低，像一个不倒翁，因此不易被吹跑。这也许体现了它们对环境的适应力。

鸻形目家族的成员还有著名的刀嘴海雀，它的鸟喙很短。相较而言，海鸠的喙更尖锐一些。海鸠和刀嘴海雀以海中的小鱼为食，都从空中潜入水中捕猎，有时甚至能潜到100米的深处。

北极海鹦的长相很奇怪，宽大而鲜艳的鸟喙几乎占去了整个脑袋的大小。鸟喙带有灰蓝、黄和红三种颜色，艳丽无比。北极海鹦靠捕食海洋鱼类为生，它们一次可以带

页码68~69，在挪威斯瓦尔巴群岛的斯匹茨卑尔根岛，北极鸥是北极冰川的常客

左图，在挪威海岸，一对海雀终于等来了春天

上图，在南乔治亚岛，年轻的信天翁骄傲地展示自己宽阔的双翼

右图，在英国诺森伯兰郡的法恩群岛，北极海鹦嘴里还咬着几条小鱼，这是它刚刚的收获

回很多小鱼，有时可以超过10条。它们将小鱼含在喙中，几次捕食之后才回家，这样就能带回更多食物供雏鸟食用。

杰出的滑翔者

漂泊信天翁的平均翼展可达3.5米，是现存鸟类中翼展最长纪录的保持者。

它们的翅膀展开时，就像滑翔机的机翼，巨大的翼展赋予漂泊信天翁良好的滑翔能力。它们可以在空中停留几个小时而不挥动翅膀，能够借助风力来升空。

鹱科鸟类

鹱科鸟类是体型巨大的海洋性鸟类。银灰暴风鹱分布于南美洲和南极地区，它们在北半球的近亲暴雪鹱分布于北太平洋、北大西洋和北极海域。暴雪鹱"艺高胆大"，无惧极端的天气。

南极贼鸥与白鞘嘴鸥

南极贼鸥是生活在南极的猛禽，也是企鹅的天敌。在企鹅繁殖的季节，贼鸥经常去袭击它们的栖息地，叼食企鹅的蛋，还会吃小企鹅。

白鞘嘴鸥的习性和贼鸥相似，它们的羽毛白如雪，攻击性很强。它们甚至会抢企鹅已经到嘴边的食物，或者贼头贼脑地巡视企鹅的领地，看看有什么可乘之机。

■ 上图，在挪威斯瓦尔巴群岛，一只
暴风鹱飞过巨大的康斯冰川
■ 右上图，在福克兰群岛的佩布尔
岛，一只南极贼鸥抢走了南跳岩企
鹅的蛋
■ 右下图，一只白鞘嘴鸥正在关注巴
布亚企鹅的一举一动。企鹅正在哺
育孩子，而这只白鞘嘴鸥盘算着找
机会从企鹅嘴里夺食

第五章
极地海洋的鲸类

在光照充足的月份，南北极的浮游生物和磷虾会大量繁殖。这意味着海洋中营养充足，食材丰盛。海洋中的大块头们也会前来赴宴，而地球上最大的生物——蓝鲸就在其中。此外，还有虎鲸、长肢领航鲸等都会在这个美好的季节，到宽阔的海域里巡航觅食。

当白天一天天变短，气温越来越低的时候，许多鲸会迁徙到相对温暖的海域繁殖后代。它们会向赤道的方向进发，还有一些鲸决定留下来，比如独角鲸、白鲸、格陵兰鲸等全年都在环极地的海域中生活。不过，留下来的鲸也不是完全停滞不动。因为冰层正在不断变大，它们要小心不被困在扩展的冰川中。

左图，两只年轻的虎鲸在冰岛附近的海岸游弋

独角鲸

独角鲸是海洋中的独角兽，它的长相识别度非常高，海洋生物中只有它拥有巨大的螺旋状长牙。当它浮出水面呼吸的时候，你一定会对那首先刺破海面的长牙印象深刻。

独角鲸的体长一般是4~5米（不包括长牙），背部有深褐色或黑色的斑点，腹部呈白色。独角鲸在出生时皮肤的颜色很深，随着年龄的增长，皮肤越来越白。成年的独角鲸平均体重1500千克。

独角鲸通常会组群活动，甚至会出现数百甚至数千只同游的情况，尤其会出现在北冰洋的海峡附近。

它们以乌贼、虾、北极鳕鱼、比目鱼等为食。独角鲸可以潜到1800米的深海世界觅食。

牙齿

独角鲸出生后，上颚长着两颗牙齿。一岁时，雄鲸的左侧牙齿就会突出（极少时候雌鲸也会），变成长牙，呈逆螺旋状。这个长牙可以

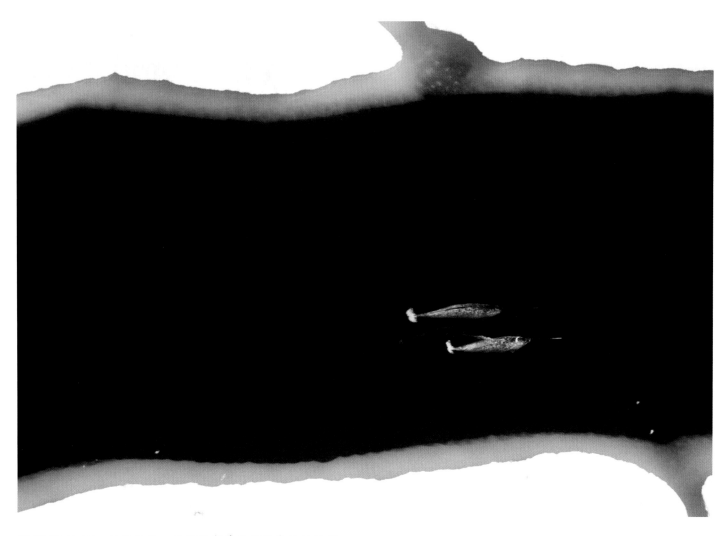

一直长到2~3米，底部能有10厘米粗，重10千克。

独角鲸的长牙到底有什么用，目前仍存在不少的猜测。有人认为，长牙可以更容易捕猎；它被用来探寻海底，还可以击穿冰层，凿出一个呼吸孔；当然还可以用来自卫，或发出声波传递信号。还有一种猜测就是，这个长牙未必有什么实际功能，除了用来打斗之外，可以在求偶的时候向雌性卖弄示好。许多独角鲸的身上都伤痕累累，说明它们曾经用长牙进行过厮杀，通过一番恶斗来决定其在群体内的地位。只有牙齿越长、越粗的独角鲸最后才能坐稳霸主地位。

长牙的内部有很多神经末梢，因此有些动物学家认为长牙也许是一个有效的探测器。

独角鲸会通过长牙感知周围的温度，第一时间知道海水是否开始结冰，或海水压强是否合适，明确周遭的环境是否仍适合居住。■

▶ 生存堪忧

虽然独角鲸生活在北极地区的海域，种群数量还不算让人担忧。但是，它们对人类活动引发的环境变化十分敏感。因此，人类应当加强对独角鲸的关注。

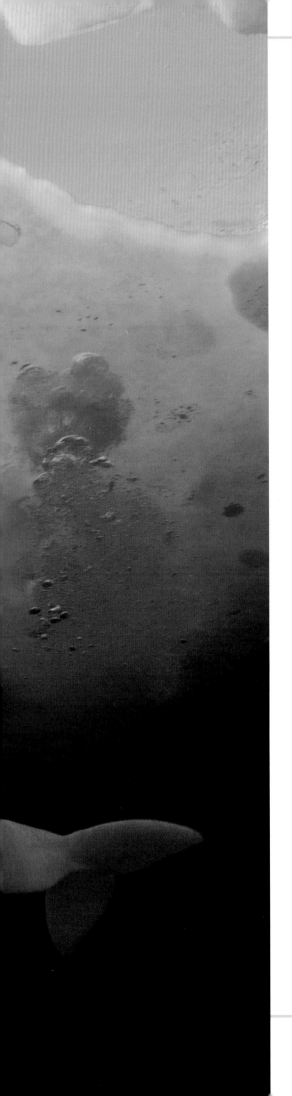

白鲸

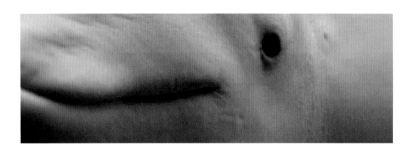

　　白鲸生活在寒冷的海域，是鲸类家族的著名歌手，它的声音在海底和岸上都能被听见。因此，许多水手将白鲸称作"海上歌手"。

　　白鲸是中等体形的鲸，体长3~5米，最重可达1500千克。雄鲸比雌鲸要长四分之一左右，也更强壮。它们能很好地适应冰水环境，尾巴、鳍和脑袋都不大，皮下脂肪层厚度可达15厘米。

　　白鲸在7岁左右成年，此后全身颜色才变成白色。幼年白鲸的颜色还比较灰暗，从初生时的暗灰色转变成灰、淡灰及白色。

　　白鲸的牙齿是圆的，随着年纪增长会受磨损，这在鲸类中很少见。它们的脖子很灵活，转动非常自如，能够点头或摇头。它们没有背鳍，有些学者认为，这也许是为了少散发热量以适应寒冷的水下生活。背脊取代背鳍，位于身体上部的中后位置，成年白鲸的这一部分更加明

显，甚至可以用它撞碎较薄的冰层。

白鲸是群居动物，一个鲸群的成员可达数百只。母鲸的妊娠期持续14个月，哺乳期在20个月左右。在这期间，白鲸一般不会再次怀孕，下一次怀孕要等到3年后。

在夏天，许多白鲸会在浅海聚集。它们会在水底打滚，不停地翻身；它们还会在砂砾上摩擦身体，把发黄的老皮全部磨掉，换上焕然一新的白色新皮肤。

海洋中的歌声

白鲸被认为是"话"最多的鲸，它们有非常高级的沟通能力。它们的声音变化多端，有时听起来像猛兽怒吼、牛群低哞，有时像猪打呼噜或马儿嘶鸣。

白鲸的额头突出，额隆由脂肪构成。它的脑门中间有一团长得像甜瓜的脂肪组织，形状会随着声音而改变。这是它特殊的听声辨位本领，因此白鲸从不会在海洋里迷路。白鲸不停地"歌唱"，并不是简单的

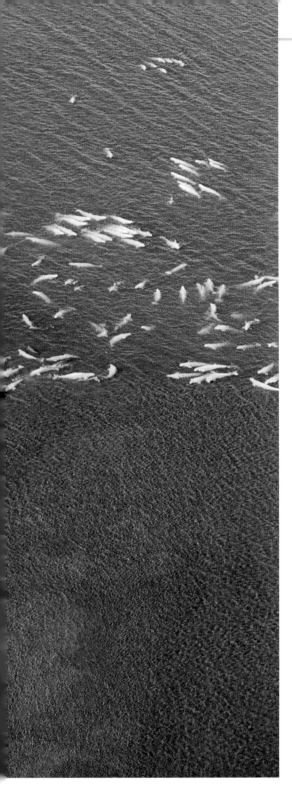

■ 页码80~81，在俄罗斯的白海，一只白鲸在冰面下游过
■ 左图，在加拿大北部海域，一大群白鲸游过
■ 上图，白鲸身体上有时候会有伤，画面中的白鲸此前可能遭遇过虎鲸的进攻，虽然脱身了，但还是留下了伤痕

自娱自乐，而是为了定位方向，同时也有助于定位猎物。"鲸之歌"会吸引异性前来交配，也是同伴之间的一种交流方式。■

▶ 分布情况

　　白鲸在整体上生存状况并不危险，但我们对俄罗斯北部海域的白鲸情况仍没有非常了解。目前，可以确定的白鲸种群有 5 种。因为人类活动的威胁以及生活海域受到化学污染，在加拿大圣劳伦斯湾生活的白鲸有灭绝的危险。

弓头鲸

弓头鲸是生活在北极地区的唯一大型鲸豚类动物。它在海面浮游 1~3 分钟就会喷气 4~6 次。弓头鲸出水的画面非常震撼。当它出水呼吸的时候，远远就可以看见水柱，有时候水柱能达到 7 米高。

弓头鲸是世界上体型最大的动物之一，体重可达 75~100 吨，仅次于蓝鲸。雄性的体长可达 17 米。

弓头鲸的背部浑圆，没有明显的背部隆突，而其他的鲸类都有隆突。它的头部约占体长的三分之一，喷气孔后方的凹陷显著。

弓头鲸在大部分时候是黑色的，有些个体的下巴上有不规则的白色斑块，排列像一串项链。弓头鲸尾鳍的宽度几乎达到体长的一半，尾鳍背面的后缘可能呈白色，随着年龄的增长还会扩大。此外，它的身上一般有一生都不会消退的突出印记，这可能是因为穿过冰层时摩擦引起的。

■ 页码 84~85，弓头鲸跃出海面"秀肌肉"
■ 上图，当弓头鲸在海上游弋的时候，我们只能看见它的背部和呼吸孔
■ 右图，弓头鲸的鲸须是所有鲸类中最长的，可达 5.2 米

弓头鲸的鲸脂厚度达 70 厘米，比任何其他的同类都厚，这有助于它们抵御严寒。

它们其实力大无比，可以用脸撞碎一片 60 厘米厚的冰层，成功地浮出水面呼吸。

弓头鲸在海面、海底或沿着海床摄食。它们会张着大嘴缓慢地在海面移动。它们的牙口是巨大的筛子，能够轻易地捕食磷虾和浮游动物，并通过鲸须把水排出去，留下满嘴的食物。每一侧的鲸须有 230~360 根，每根差不多有 4 米长，是所有鲸类中最长的。

习性与繁殖行为

弓头鲸经常会五六只一起集体行动。它们是群居性动物，并通过声音在迁移、进食和社交时与同伴沟通，还会借助声音在觅食和迁徙中形成更大的队伍。有时候，它们的一副好嗓子在几千米外都能听见。这种声音被认为是雄性在吸引异性时发出的声音。

在繁殖期，雄性弓头鲸之间会通过争斗来吸引异性。弓头鲸跃出水面的身姿十分优美，典型的方式是垂直跃出水面，躯体的后半部通常保持在水中，最后再侧向一边入水，尾巴拍击着海面。它们是很慢的繁殖者：20 岁才达到性成熟，每 3~4 年雌鲸会诞下一头幼鲸，妊娠期大概 13 个月。大多数幼鲸出生于春夏两季。幼鲸出生时长约 4.5 米，1 岁后体长就会翻倍。■

▶ 200 岁的弓头鲸

　　在 19 世纪，由于商业捕鲸，弓头鲸的数量急剧减少。目前，不少族群的数量有所恢复。弓头鲸约有四五个种群，总数大概在 2~4 万只。

　　弓头鲸是世界上寿命最长的动物之一。有人曾发现，一只仍健在的弓头鲸的背上有一支人类自公元 1800 年之后就不使用的鱼叉。一般来说，弓头鲸的寿命可以达到 200 岁。

剑吻鲸与瓶鼻鲸

在南北极附近的冰冷海域，有一些鲸能够长时间潜水，身上还有白色的伤痕。为什么它们总是伤痕累累？

剑吻鲸科有点对不起它的名字，因为这一科的成员大都没有牙齿。它们主要以乌贼为食，也吃鱼类。不过，它们的进食方式很粗糙，会直接把食物吸进去或一口吞下。

这类鲸一般仅下颚有2~4枚机能性牙齿，但不用于捕猎，可能是与其他个体发生冲突时用来撕咬的武器。它们的身上几乎总带有伤痕，

这是之前历次斗殴后留下的。它们的底色是灰色，偶有发黄和发绿的个体，因为它们身上常有微生藻类附着。

北瓶鼻鲸的身长可达10米，体重可达7吨，仅在北大西洋被发现过，从北冰洋、北非沿海一直到北美海岸都有分布。它的南方表亲南瓶鼻鲸的个头小一些，主要分布

在南极大陆和南美、非洲以及澳大利亚沿海地区。

北瓶鼻鲸长得又圆又胖，圆圆的脑袋、吻部与身体的界限十分明显，长相有点像瓶鼻海豚，这也是北瓶鼻鲸名字的由来。

上述两种鲸都只在下颚有两颗牙，通常成年雄鲸的牙齿会生长至露出牙龈。

阿氏贝喙鲸是一种剑吻鲸。它的吻部很长，下颚有四颗牙。由于下颚比上颚长，所以中间两颗三角形的牙齿非常明显地凸出来，在嘴巴闭上时也能被看见。阿氏贝喙鲸是大型喙鲸类，长度超过9米，个体体重不等。

阿氏贝喙鲸的背鳍与它们的体长相比，显得有点短。背鳍呈三角形或镰刀状，末端圆钝，位置刚好在身体中间。它们的身体大部分颜色较深，通常呈蓝黑或暗灰色，腹部和体侧颜色较浅。

至今，人类对阿氏贝喙鲸的了解仍然不多。因为它们行踪不定，数量稀少，能够搜集到的信息很有限。■

■ 页码88~89，瓶鼻鲸从海底探出自己的大脑袋，这也是海豚的标志性动作
■ 右图，通过瓶鼻鲸的经典侧面，你可以很容易地把它和其他鲸区分开来

南露脊海豚

南露脊海豚从海面一跃而出的身姿，是海面上一道靓丽的风景线。它们在入水时，胸鳍和尾鳍会拍打水面，划出一道如彩虹般的弧线。

南露脊海豚是南半球唯一没有长背鳍的海豚。它们的体形流畅优美，身上还有明显的黑白相间的图案。背部的颜色呈现淡灰到深灰或黑色的渐变，尾鳍腹面则是白色。

与许多海豚不一样，南露脊海豚的吻部很短，就长在额头附近。它的胸鳍很小，像镰刀一样。

南露脊海豚和北露脊海豚很相似，前者的个头相对较小，后者在北半球分布广泛。南露脊海豚在成年后的体长为1.8~2.9米，重达60~100千克。

南露脊海豚环绕南极分布，主要出没于温带海域，不会到南极洲生活。它们属于深海动物，更喜欢

■ 页码 92~93，两只南露脊海豚在南极海域逐浪嬉戏

在无边无际的公海活动，最多只会靠近大陆架附近。

它们是群居性动物，一个群体一般有100多个成员，也可能出现由1000多只南露脊海豚组成的庞大队伍。

南露脊海豚的性格各不相同，有些群体会让船只靠近，有些则会小心翼翼地避开船只。

南露脊海豚尤其喜欢跃身击浪。它们会用腹部击水，鲸尾击浪，激起绚丽的浪花，场面非常壮观。

南露脊海豚的潜水时间最长可达6分钟。在休息时，它们游得很慢，只将头和喷水孔露出水面，平缓悠闲地前行。

有关南露脊海豚的交配和繁殖信息匮乏，对它们出生在什么季节

■ 上图，一群南露脊海豚在南美洲的秘鲁沿海集体跃出海面。这里是南露脊海豚活动区域的最北端

也不是很清楚。在春天，海域中会出现很多小南露脊海豚，合理的推测是它们在这一时节进行分娩。■

▶ 情况危急

目前所掌握的资料尚不足以判断南露脊海豚的生存现状。不过，这并不表示它们的生存现状乐观。人类的生产生活会对它们造成巨大的冲击，尤其是人类的捕鱼活动经常会给它们带来"困扰"。有时候它们会被困在渔网中动弹不得，久久不能脱身。因此，在拥有足够的数据进行论证之前，我们仍应设法改善它们的生存现状。

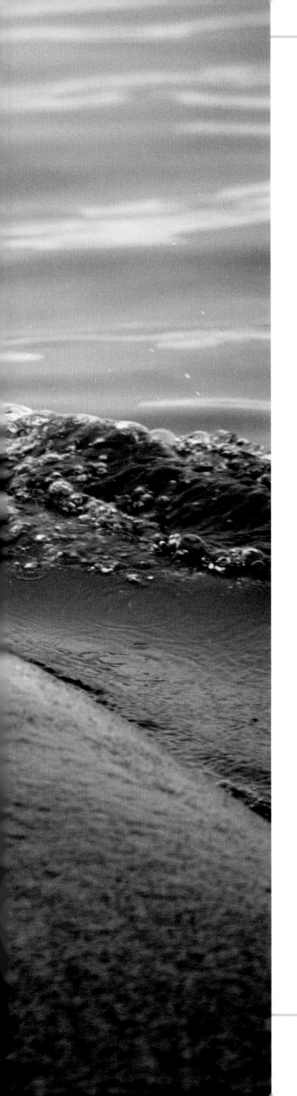

南极小须鲸

南极小须鲸的个头不大，但是数量很多。它们活跃于南极洲附近的海洋。虽然个头小，但它们游泳速度非常快。

南极小须鲸分布在南半球海域。每逢夏季，它们会在靠近南极的地区活动，冬天则向北迁徙，但不会越过赤道。整个南极洲都有它们活动的踪影，但最南不会超过南纬60°，常见于离冰层几百千米远的地方。

南极小须鲸的个头小，捕食能力却很强。它的喉咙下部有凹槽，进食的时候可以撑大，能毫不费力地吞进大量的海水。通过鲸须排出海水之后，它们就可以享用大量的微小有机物。

南极小须鲸平均有8米长，重约7吨，不过也有长到10米、重达11吨的个体。雌性比雄性略大，

最长的超过 10 米。南极小须鲸的身体一般比北方小鳁鲸稍长，与之相比，南极小须鲸的胸鳍没有白色斑点。它们的后背都是深灰色的，腹部呈白色；背部三分之二的部位长有背鳍，形状如镰刀。

繁衍方式

人们对南极小须鲸的繁衍行为还缺乏深入的研究。但在对特定群体一定时间内的种群结构追踪后，认为它们是一夫多妻动物。

南极小须鲸会前往南纬 10°~20° 的地区繁殖后代。这个地区的水面相对平静，没有虎鲸等天敌的威胁。在这里，母鲸在怀胎 10 个月后生下幼鲸。南极小须鲸刚出生时长约 2.5 米，其后会跟随母鲸共同生活长达 2 年的时间。雄性南极小须鲸完全不承担照顾幼鲸的责任。

南极小须鲸或单独行动，或群体行动，一般是 2~4 只成群。

南极小须鲸是游泳健将，尤其是加速的高手。它们的潜水时间可达 2~6 分钟，在浮出水面的 1 分钟内可以换气 5~8 次。有些个体的潜水时间最长可达 30 分钟，并常常会从潜水原地出水呼吸。

南极小须鲸的好奇心很重，比其他鲸类更容易被人看到。因为它们会忍不住靠近停泊在港口的航船，打量这个庞然大物。■

▶ **值得警惕！**

南极小须鲸的个头不大，但是数量非常多。它们是南极海域中数量最多的鲸类。据估计，在 20 世纪 80 年代，南半球约有 76 万只南极小须鲸。今天，它们的数量减少了 60%。它们的繁殖周期很长，在短短几十年内数量减少了这么多，这一现象非常值得警惕。

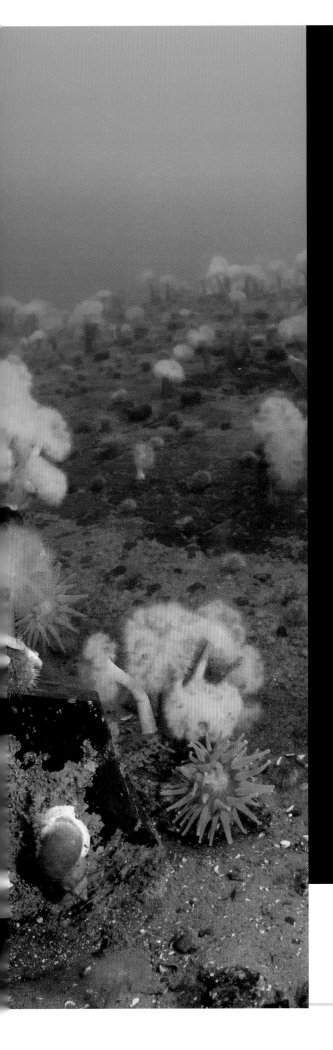

第六章
在极地海域里

两极地区极端的气候条件对于在冰层下水域生活的生物也会产生巨大影响，而这些影响有时候是间接的。海水的冰点低于淡水，在 -2℃的情况下会结冰。因此，当极地地区的温度降至零下十几摄氏度时，海水会排析出盐分而结冰。

海洋环境并不会发生剧烈的季节变化，因此这里虽然并不宜居，但与我们生活的环境相比，海洋环境是更稳定的生态系统。经过进化，许多在这里安家的生物也进化出相应的机制。

在极地海域生活的生物，其生物多样性自然比不上热带生物。但是，这里的浮游生物和深海鱼类族群数量十分惊人，是地球上重要的自然资源。

■ 左图，格陵兰睡鲨最长可达6.5米，它也许是唯一在北极海域生活的鲨鱼。对于它的饮食习惯和行为特征，我们还所知甚少。如图，格陵兰睡鲨出现在浅海，我们可以清晰地看见海底的海胆、海星和海葵。不过格陵兰睡鲨一般活跃在深海地区

极地海域的鱼类

在寒冷的海域中，生存着大量鱼类。在残酷的食物链中，数量庞大的小鱼是大鱼的食物，而海鸟、企鹅、鳍脚目类动物、鲸和虎鲨又处在食物链的更高处。

大西洋鳕鱼和北极鳕

大西洋鳕鱼主要分布于大西洋北部海域，在寒冷的北冰洋也有它们的身影。在北极海域，它们是食物链的重要一环。

大西洋鳕鱼具有极高的经济价值，它们肉质鲜美、营养丰富，因此与之相关的捕鱼业十分发达。经过20世纪延续100年的捕捞，今天的大西洋鳕鱼只剩下鼎盛时期的1%。如今，它已经被列入世界自然保护联盟（IUCN）1996年濒危物种红色名录。

北极鳕则生活在寒冷的北冰洋，它的身长约有30厘米。在水下，北极鳕通体几乎都是白色的，除了背部偶有褐色。

■ 页码102~103，许多大西洋鳕鱼在浅海处的巨藻中间游动
■ 上图，花纹南极鱼。这一类的冰鱼经常在海面游动，与南极冰面亲密接触
■ 右图，狼鱼的样子让人看见就忘不掉。这种出没在北方海域的狼鱼，血液内
也含有某种防冻物质

血液中的防冻液

南极冰鱼能在冰点或接近冰点的水中生活。这是因为它们的体内有一种天然的类似"防冻液"的物质，能够起到抗凝结的作用。

这种糖蛋白附着在冰鱼身体的小型冰晶体上，能够防止血液凝结，是天然的防冻剂。因此，它们甚至在冰中仍能存活数周。

狼鱼体长能达到1.5米。顾名思义，这种鱼的战斗力非常强悍，它的颚宽大，锋利的牙齿能够咬碎大部分贝类坚硬的外壳。此外，它们还以海星和海胆为食。

侧纹南极鱼

侧纹南极鱼是极地地区许多海洋生物的主要食物，比如阿德利企鹅、帝企鹅、海豹和鲸都十分喜欢以它为食。■

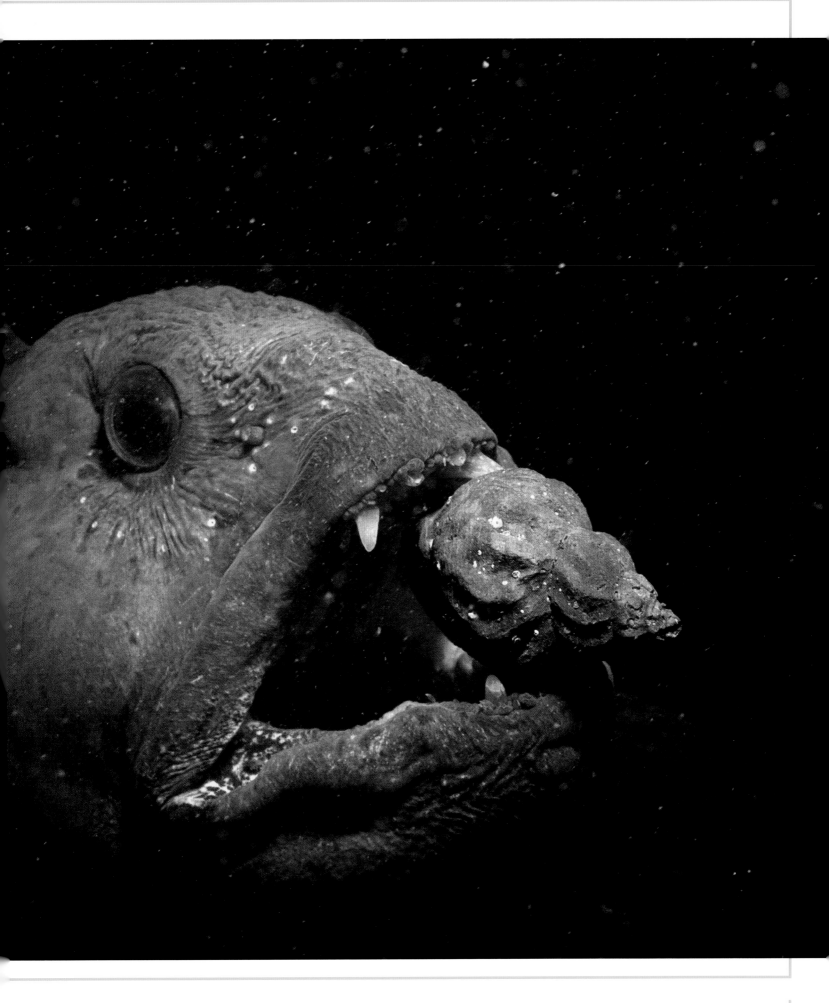

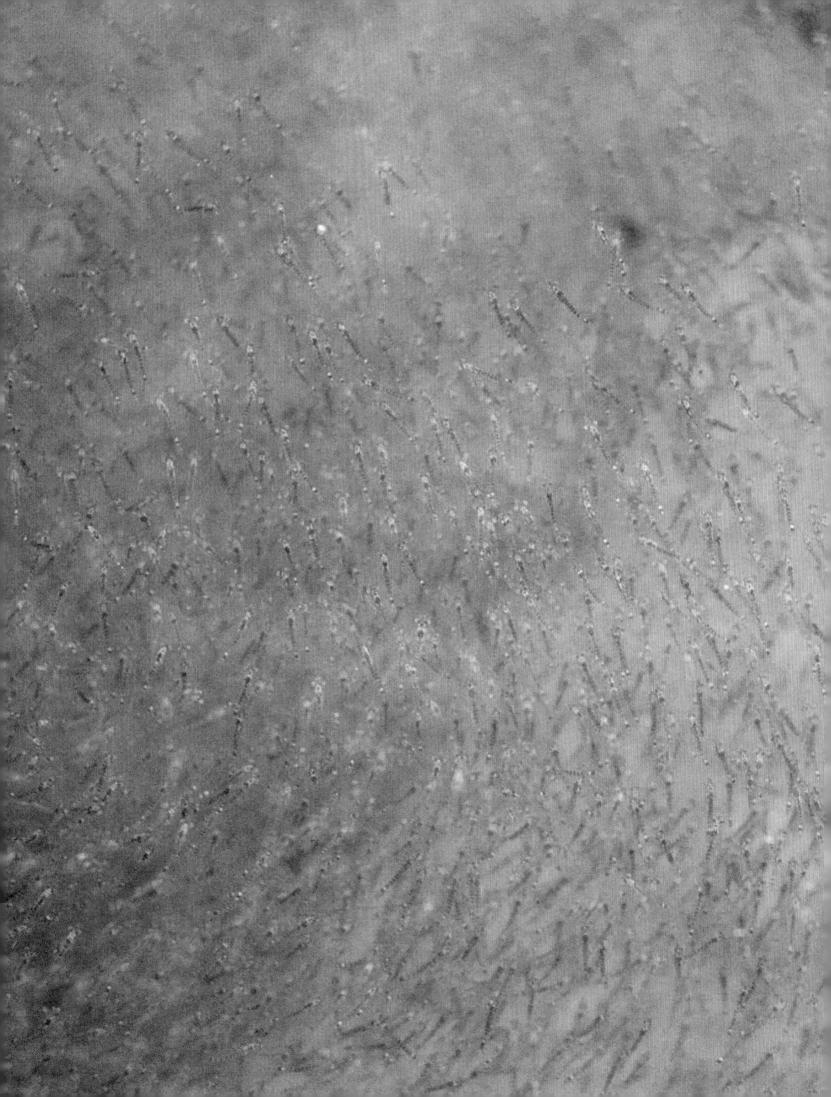

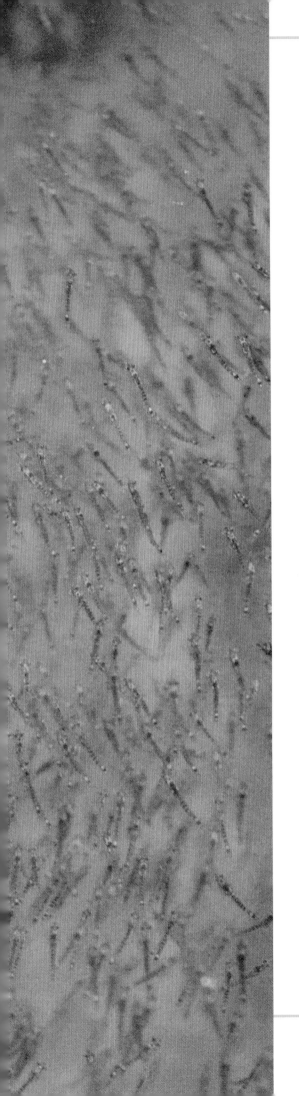

极地海域的无脊椎动物

极地海域最重要的无脊椎动物要算那些微小的生物了。这些浮游生物有些肉眼不可见，却是整个海洋食物链的基础。

冰虾

在北极海域中，有一种浮游生物绝对值得一提。这是一种小型的甲壳类动物，只有1.5厘米长，我们将其称为冰虾。它离不开冰，一直要随着冰山四处漂浮。如果冰山消融了，它们就会下沉到近3000米深的海底，海底洋流会把它们冲回北极冰形成的起点。

南极磷虾

磷虾的分布非常广，在所有海域都有分布，最有名的要数南极磷虾。它们是南极生态系统的关键物种，是南半球海域食物链的基础。

南极磷虾的成虾长度约6厘米，以群集的方式生活。一个群体的数量要以百万为单位。它们可能是地球上成员最多的物种，全球的磷虾

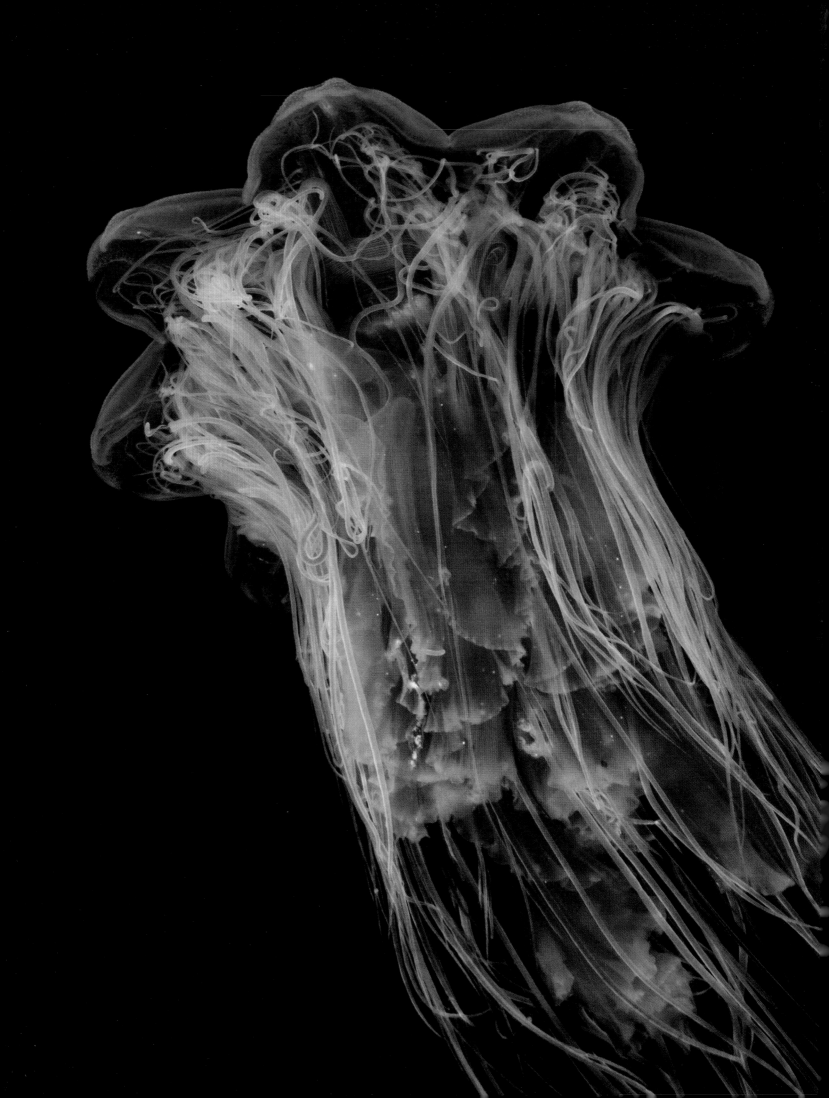

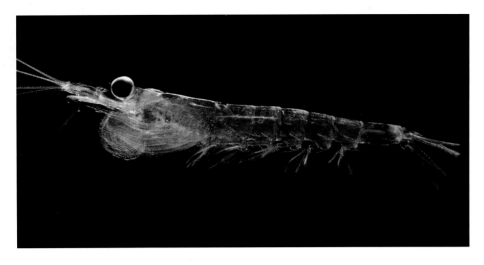

■ 页码106~107，摄于挪威斯瓦尔巴群岛。北极磷虾是南极磷虾的近亲，当它们大规模聚集的时候，甚至会把北大西洋的海水染红
■ 左图，狮鬃水母的仪态优雅，是海底世界的一大奇观
■ 上图，北极磷虾身上的红色来自类胡萝卜素，而这种色素只在植物中存在，因为它们以浮游植物为食，所以体内储存了类胡萝卜素

约有5亿吨！

磷虾以微小的浮游植物或浮冰底部生长的藻类植物为食。

狮鬃水母

狮鬃水母是北极海域最富观赏性的水母。它的伞形躯体直径约50厘米，密密麻麻的触手长度可达20米。最大的狮鬃水母的伞形躯体直径可达2米多，触手能有30米长。狮鬃水母的外表为粉红色，非常美丽。当它游动的时候，触手会随着海浪伸展和舞蹈。这种水母能够用触手捕捉猎物，以鱼类和贝类为食。它的触手上布满刺细胞，要是人类不小心碰到了，皮肤就会像被开水烫伤那样马上变红。

大王酸浆鱿

大王酸浆鱿又名巨枪乌贼，它是世界上最大的无脊椎动物，足足有15米长，500千克重。

大王酸浆鱿生活在海底2000米左右的世界，抹香鲸常会下潜到这里捕食大王酸浆鱿。它的嘴长得像鹦鹉的喙，与发达的肌肉相连，可以防御抹香鲸的进攻。

大王酸浆鱿大多在南极海域周围的深海栖息。■

图书在版编目（CIP）数据

冰雪世界的极地动物 / [意] 克里斯蒂娜·班菲，[意] 克里斯蒂娜·佩拉波尼，[意] 丽塔·夏沃编著；潘源文译 . — 成都：四川教育出版社，2020.7

（国家地理动物百科全书）

ISBN 978-7-5408-7332-5

Ⅰ . ①冰… Ⅱ . ①克…②克…③丽…④潘… Ⅲ . ①极地 – 动物 – 普及读物 Ⅳ . ① Q958.36-49

中国版本图书馆 CIP 数据核字（2020）第 101275 号

GUOJIA DILI DONGWU BAIKE QUANSHU BINGXUE SHIJIE DE JIDI DONGWU

国家地理动物百科全书　冰雪世界的极地动物

出 品 人　雷 华
特约策划　长颈鹿亲子童书馆
责任编辑　肖 勇
封面设计　吕宜昌
责任印制　李 蓉 刘 兵
出版发行　四川教育出版社
　　　　　地　　址　四川省成都市黄荆路 13 号
　　　　　邮政编码　610225
　　　　　网　　址　www.chuanjiaoshe.com
印　　刷　雅迪云印（天津）科技有限公司
版　　次　2020 年 10 月第 1 版
印　　次　2020 年 10 月第 1 次印刷
成品规格　230mm×290mm
印　　张　16
书　　号　ISBN 978-7-5408-7332-5
定　　价　98.00 元

如发现印装质量问题，请与本社联系。
总编室电话：（028）86259381 营销电话：（028）86259605
邮购电话：（028）86259605 编辑部电话：（028）85636143